Hrsg. Christiane Schober

Ich bin Shiba

Hrsg. Christiane Schober

ICH BIN Shiba
EINFACH UNWIDERSTEHLICH!

Oertel+Spörer

Bildnachweis:

Titelbild: Bihler-Fotografie

Innenteilbilder:

Susanne und Oliver Arndt-Schmitz S. 45, 62, 63, 85

Bihler-Fotografie S. 14, 26, 37, 43, 44, 64, 74, 78, 84, 102

Silvia Bühringer S. 22, 23(2), 28, 29, 70, 71, 96, 97

Helmut Burger S. 81, 83

Mario Forkmann S. 10, 11, 12(2), 13(4), 36, 46, 47, 48, 54, 56, 100, 101

Karen Lemkemeyer S. 8, 24, 25(2), 58, 59

Nina Naudet und Simon Geerkens S. 38, 39, 52, 53, 91, 92, 93

Tanja Naujokat S. 67, 68, 69, 99

Katrin Pollems-Braunfels S. 31, 73, 95

Caroline Rack S. 88, 89

Bernd Radloff S. 40(2), 41

Evi Schaumeier S. 87

Christiane Schober S. 5, 6, 9, 15, 17, 18, 32, 33, 34, 55, 60, 61, 65, 75, 76, 77

Marie-Theres Schulze S. 20, 21

Bibliografische Information der Deutschen Nationalbibliothek

Die Deutsche Nationalbibliothek verzeichnet diese Publikation in der Deutschen Nationalbibliografie; detaillierte bibliografische Daten sind im Internet über http://dnb.d-nb.de abrufbar.

© Oertel+Spörer Verlags-GmbH+Co.KG · 2018

Postfach 1642 · 72706 Reutlingen

Alle Rechte vorbehalten

Lektorat: Dr. Gabriele Lehari

DTP und Repro: raff digital gmbh, Riederich

Druck und Bindung: Oertel+Spörer Druck und Medien-GmbH+Co., Riederich

Printed in Germany

ISBN 978-3-88627-578-6

Inhalt

Vorwort

Vor vielen Jahren schon packte mich die Idee, dieses Buch entstehen zu lassen. Keine trockene Theorie, sondern die Realität über den Shiba vermitteln und ihn in den folgenden Erzählungen „leben" zu lassen.

Damit das Ganze aber keine einseitige und langweilige Sache wird, habe ich noch andere Shiba-Besitzer, Züchterkollegen und all diejenigen, die etwas zum Thema Shiba erzählen könnten, gebeten, mir hierfür ihre Geschichten zur Verfügung zu stellen. Der Plan war, unsere Rasse somit noch mal neu zu beleuchten und dem Leser eine unterhaltsame und aufklärende Lektüre zu liefern.

Da wir Menschen ja gern zur „Vermenschlichung" unserer Hunde neigen, werden viele Berichte aus der Sicht der Shibas erzählt. Sicher interessant mal zu lesen, was unsere Hunde so über uns denken – oder besser gesagt, was wir aus ihren Handlungen und Gesten zu erkennen glauben.

Das Zusammentragen der folgenden Geschichten hat mir persönlich sehr viel Freude bereitet, da alles, was hier geschrieben wurde, aus „dem richtigen Leben" stammt – und das macht das Lesen so faszinierend. Da aber zum Leben nicht nur die lustigen, sondern auch die emotionalen Momente gehören, haben wir in diesem Buch ebenso Berichte, die ans Herz gehen, zusammen mit den vielen tollen Bildern, die das Ganze noch komplett und zu einer runden Sache machen!

Jedes Buch hat eigentlich am Ende eine Danksagung. Dieses Dankeschön möchte ich jedoch gern gleich zu Beginn anbringen, denn ohne die große Mühe, Mithilfe und Begeisterung der Autoren wäre dieses Werk gar nicht möglich gewesen. Jeder Einzelne hat sehr viel Herzblut in seine Geschichte/n gelegt und das macht dieses Buch so einzigartig, lebensnah und besonders.

Viel Freude beim Lesen wünscht Ihnen
Christiane Schober

Der Shiba –
aus dem Land der aufgehenden Sonne

Von Mario Forkmann

„Japan (japanisch 日本, ausgesprochen als Nihon oder Nippon; amtlich: Staat Japan 日本国, Nihon-koku oder Nippon-koku) ist ein 6852 Inseln umfassender ostasiatischer Staat im Pazifik, der indirekt im Norden an Russland, im Nordwesten an die Volksrepublik China, im Westen an Nordkorea und Südkorea und im Südwesten an die Republik China (Taiwan) grenzt und flächenmäßig der viertgrößte Inselstaat der Welt ist. De-facto-Hauptstadt und größte urbane Siedlung ist Tokio."

So beschreibt Wikipedia das Herkunftsland unserer Rasse Shiba. Wer, so wie ich, den Shibas verfallen ist, trägt das Verlangen, dieses besondere Land einmal zu besuchen, tief in sich. Dieses Jahr hat sich mein Herzenswunsch erfüllt und ein Traum wurde wahr. Ich ging auf eine 10-Tages-Reise in das Land des Lächelns – auf Spurensuche unserer Rasse Shiba.

Das Angebot einer Züchterkollegin, mir ihre Heimat und deren japanische Shiba-Züchter zu zeigen und vorzustellen, war einfach zu verlockend. So kam ich nach einem fast 12-stündigen Flug in der viertgrößten Stadt Japans an: Nagoya mit stolzen 2,3 Millionen Einwohnern eine imposante Metropole, die mir noch einiges an Eindrücken bieten würde.

Natürlich galt mein größtes Interesse, neben den Sehenswürdigkeiten dieser Region, den Shibas und deren japanischen Züchtern. Zu erfahren, welchen Stellenwert der Shiba in Japan hat, japanische Ausstellungen unserer Rasse zu besuchen, Erfahrungen auszutauschen und viel Insiderwissen zu erhalten und das aus erster Hand – so eine Gelegenheit bekommt man nicht oft im Leben. Und so ließ ich mich ein auf das Abenteuer Japan.

Am ersten und letzten Tag meiner Reise waren wir jeweils zu Gast auf einer Nippon-Hunderassenausstellung. Interessant war es zu sehen, wie sich die Ausstellungen doch von denen in unserer Heimat unterscheiden. Man hat den Eindruck, dass es sich um eine Art Zeremonie handelt – es wird großer Wert auf Prestige und Ansehen gelegt. Jeder einzelne Richter, Ringhelfer usw. werden zu Beginn persönlich dem Publikum vorgestellt.

Auf den Ausstellungen wurden zwischen 130 und 180 Shibas gezeigt! Ein Unterschied zu heimischen Ausstellungen ist auch das Vermessen der Hunde: So werden in Japan die Shibas mit der registrierten Größe angemeldet. Im Ring stellt der Richter dann das angegebene Maß auf einem Körmaß vorher ein und prüft die tatsächliche Größe des Hundes. Gemessen wurde grundsätzlich der Widerrist, das bedeutet hinter dem Schulterblatt auf dem davorliegenden Wirbel. Dass diese Art des Messens in Japan die Regel ist, wurde uns durch die leitenden Richter bestätigt. Ein weiterer Programmpunkt meiner Reise war der Besuch bei drei verschiedenen Shiba-Züchtern. Das Zuchtziel und die Haltung sind durchaus vergleichbar mit denen von europäischen Züchtern. So gibt es zum Beispiel auch Züchter mit Innen- und Außenhaltung.

Der Shiba soll Anmut, Stolz und Würde zeigen. Es war sehr spannend, unsere Rasse in ihrem Heimatland zu besuchen und sich mit den japanischen Züchtern über ihre eigenen Linien und Tiere zu unterhalten. Man bemerkt sehr schnell, dass die Züchter voller Stolz sind. Es ist eine Ehre, überhaupt empfangen zu werden und hinter die Kulissen blicken zu dürfen.
Besonders faszinierend fand ich übrigens die Mame Shibas – eine kleine Variante unseres Shibas (siehe Fotos links). Diese Zuchtvariante ist äußerst selten und schwer zu züchten, da es nur sehr wenige Blutlinien gibt. Die Rüden werden zwischen 30 und 34 cm und die Hündinnen 28 bis 32 cm hoch. Kleiner als 25 cm darf diese Zuchtform nicht sein!

Aber nicht nur der Besuch der Ausstellungen und Züchter haben bei mir einen bleibenden Eindruck hinterlassen – auch die wunderschöne historische Architektur und alte japanische Kultur. Hier wird Modernes mit Altem verbunden. Ob historische Gebäude, botanische Gärten und Parkanlagen mit den traditionellen Bonsais – man spürt sofort die Liebe zum Detail. Man empfindet dies alles nicht als Prunk, sondern als sehr imposant.

Ich möchte mich gern bei Mayu Kajita bedanken. Die Züchterkollegin, die seit acht Jahren in Europa lebt und mir diesen faszinierenden Einblick in ihre Heimat möglich gemacht hat. Ich behalte Japan mit seinen vielen Impressionen als ein beeindruckendes Land und seine Einwohner als sehr gastfreundlich und höflich in Erinnerung. Diese völlig andere Kultur hat mir ein neues Lebensverständnis vermittelt.

Ist der Shiba schwer erziehbar?
Wenn Intelligenz mit Sturheit verwechselt wird

Von Christiane Schober

„Rufen Sie Ihren Welpen und laufen Sie in die andere Richtung – Ihr Welpe wird Ihnen folgen". Stimmt. Zumindest für jeden anderen Welpen auf dem Übungsplatz. Einzige Ausnahme: Mein Shiba. Völlig in seinen ganz persönlichen „Plan" vertieft, ging er seiner Wege – leider auch in die andere Richtung.
„Mega Bindung, Frau Schober!", erklärte mir (vor über 20 Jahren) die damalige Trainerin, zynisch grinsend, genauso unwissend über diese Rasse wie ich damals.

Der Shiba sei stur, schwer erziehbar, arrogant und dominant – was man als Mensch einer armen Rasse nicht so alles andichtet, wenn man sie nicht versteht. Schade finde ich, dass so eine wirklich tolle Rasse wie der Shiba einfach abgestempelt wird. Manche Besitzer leben mit ihrem Shiba sogar nach dem Motto „Ist der Ruf erst ruiniert, lebt es sich ganz ungeniert" und rechtfertigen alles an diesem Hund mit den Worten „Ist halt ein Shiba…".

Aber bekanntlich eilt ein schlechter Ruf dem Guten voraus und so war es mir immer ein Bedürfnis, der „Anwalt" dieser Hunde zu sein, um sie vor dieser „üblen Nachrede" zu schützen. Wodurch? Durch Aufklärung!

Gerade das Internet mit seinen Foren und Bloggern macht es einem nicht wirklich leichter, eine korrekte Einschätzung über diese Rasse zu erhalten. Machen Sie bitte niemals den Fehler und fragen in einem Forum nach, ob ein Shiba schwer erziehbar ist. Sie werden danach kein bisschen schlauer, sondern total deprimiert und unsicher sein. Fragen Sie lieber diejenigen, die ein schönes und erfülltes Leben mit ihrem Shiba führen – und lesen Sie doch hier ein bisschen. Wenn Sie nach diesen Erlebnisberichten immer noch lächeln, kann es nicht so schlimm gewesen sein.

Wer hat die Hosen an?

Stets mit dem Kopf durch die Wand – typisch Shiba

Von Alexander Schober

Diese Menschen unterschätzen mich gewaltig, die glauben tatsächlich, nur weil ich „lieb schau" als könnte ich kein Wässerchen trüben, dass ich nichts im Schilde führen würde. Ein allgemein großer Irrtum, denn ich tue mal gar nichts ohne Grund. Mein Name ist Hase und ich weiß von nichts! – Ne, Spaß beiseite … Mein Name ist Ronin und ich bin ein stolzer Shiba-Rüde und glaubt mir eines: Am Ende hab ich doch die Hosen an!

Es ist ein Tag wie jeder andere. Die Mittagszeit ist angebrochen, meine Frauchen bereiten ihr Essen vor. Und schon starte ich meinen ersten Versuch etwas abzugreifen, indem ich sehr elegant, aber permanent aufdringlich in der Küche im Weg stehe. Manchmal fällt da schon was für mich ab. Aber selbst wenn, heißt das noch lange nicht, dass ich dann glücklich von dannen ziehe – nein, nein – das war nur Runde eins.

Nun steht das Essen auf dem Tisch und die Familie nimmt ihr Mahl ein. Essen! – Ohne mich? – Inakzeptabel! Ich muss davon etwas haben! Also setze ich mich erst mal direkt vor Frauchen an die Sitzbank und setze mein „Lieb-schau-Gesicht" auf. Manchmal reicht das schon, um die Erlaubnis zum Springen auf die Sitzbank zu erhalten – falls nicht, dann helfe ich halt etwas nach, indem ich permanent mit der Pfote stupse, und zwar so lange, bis ich endlich die Erlaubnis dazu bekomme. Im allerschlimmsten Fall, wenn ich mal total ignoriert werde, dann gebe ich mir einfach selbst die Erlaubnis.

Oben angekommen gehe ich in die nächste Phase über: Frauchen anstarrrrrrren! Nur blöd, dass die permanent mit Essen und Reden beschäftigt ist und mich so gar nicht beachtet. Tja, dann muss ich halt etwas mehr Überzeugungskraft einbringen. Spätestens nach drei- oder viermal mit der Pfote Anstupsen kommt schon irgendeine Reaktion. Allerdings immer noch kein Essen für mich!

Na gut, ich kann auch anders! Also lege ich mich provokativ auf Frauchens Schoß und meinen Kopf schön auf den Arm, mit dem sie die Gabel führt. Hmmm, das scheint sie zwar etwas einzuschränken, aber wohl nicht genug, um mir endlich etwas abzugeben – da hilft nur eines: volle Gewichtsverlageruuuuung! So, jetzt kann sie gar nicht mehr essen, was sie sichtlich nervt. Mit einem leicht böse klingendem „Schluss jetzt" schiebt sie mich zur Seite. Aber soll ich euch etwas verraten? Mir doch egal! In 5 Sekunden mach ich es einfach nochmal. Und siehe da – keine 10 Sekunden später liege ich auch schon wieder auf Frauchens Schoß. Klappt jedes Mal!

Fazit:

Ich habe zwar am Essenstisch nichts ergattern bzw. erbetteln können, aber wenn meine Menschen fertig sind, bekomme ich in der Küche letztendlich doch mein Stück ab. Also was lernen wir daraus? Wie ich schon zu Anfang sagte: Ich hab die Hosen an! Also immer schön konsequent bleiben – diese Menschen lernen schnell!

Wer hat`s erfunden? – Die Menschen

Von Gabriele Horn

Mein Name ist „As you like it", so steht es in meinem Stammbaum. Und man muss doch seinem Namen gerecht werden, oder? Also diese Erziehungskiste ist eine wirklich komische Erfindung der Menschen. Ich finde, dass ich doch selbst genau weiß, was für mich gut ist. Schließlich bin ich ja ein ganz Großer! Aber ich habe das mit den Kommandos schon schnell gelernt. Ich werde euch das mal erklären:

„Pfui" heißt „Schluck es".
„Komm hier" bedeutet „Komm, wenn du fertig bist –
ich rufe auch noch mehrmals".
„Sitz" heißt „Begebe dich mit deinem Hinterteil Richtung
Boden – aber nur wenn der Boden trocken ist".
Wenn mein Mensch in meine Richtung läuft, um mich zu holen,
will er fangen spielen.
„Platz" heißt „Leg' dich hin, ich kraule dir den Bauch".
„Nein" bedeutet „Vielleicht doch".
„Aus" ist das Signal, mit der Beute verschwinden zu können,
um sie zu sezieren.
„Runter vom Bett" ist eine Spielaufforderung.
„Hopp" – macht doch selber Hopp oder hebt mich hoch.

Wenn man nur lange genug mäkelig ist, bekommt man leckere Dinge mit in den Napf. Kommt ein Kommando, muss ich nur den Kopf schräg halten und lieb schauen, dann hat man die Show im Kasten. Grabe ich den Garten um und meine Menschen werden sauer, muss mein Gesicht nur genug voller Erde sein – das zaubert ihnen ein „Schau mal, wie lustig er aussieht" aus den Mündern. Schuhe kauen macht Sinn, die waren sowieso hässlich. Wenn ich spielen will, lege ich meinen Menschen das Spielzeug vor die Füße und wedle mit dem Schwanz – klappt fast immer. Möchte ich raus, dann jammere ich ein bisschen und renne ständig zur Türe – konsequent durchgezogen lernen die Menschen sehr schnell. Wer jetzt behauptet die Menschen seien schwer erziehbar, der irrt sich. Wenn man es richtig anstellt und gleich vom ersten Tag an mit ihnen übt, sind sie wirklich sehr lernfähig. Man muss sie nur gut beobachten und studieren, dann hat man den Dreh ganz schnell raus, denn sie sind sehr einfach gestrickt.

Ach übrigens: Wenn sie in einem freundlichen Ton mit einem sprechen, dann sollte man ihre „Bitten" zügig erfüllen – herrschsüchtiger Ton wird einfach ignoriert. Nach zwei bis drei Übungseinheiten, klappt das auch mit der Freundlichkeit – manche sagen sogar „Bitte"!

Hopp und Korb – wer erzieht wen?

Von Marie-Theres Schulze

Wauz! Ich bin Zuki und habe am 24.02.2017 das Licht der Welt erblickt. Als ich damals in mein neues Zuhause kam, erkundete ich mutig erst einmal alle Räume, die mir offenstanden. Als meine Expedition abgeschlossen war, wurde mir mein Fressplatz gezeigt und auch gleich genügend eingeschenkt. Meine Familie meinte es gut mit mir, dabei muss ich doch auf meine Figur achten und habe deswegen nicht alles aufgegessen. Fragende Blicke von meinen Menschen. Wie, machen das andere Hunde nicht auch so?

Endlich habe ich mich eingelebt und die ersten Runden in der Umgebung des neuen Zuhauses gedreht. Dabei habe ich viele andere Hunde getroffen, die sofort lautstark losbellten, als sie mich gesehen haben. So eine Frechheit! Höflich, wie ich bin, habe ich mich sogar hingelegt, um diesem Terror ein Ende zu bereiten. Das fand meine neue Familie nicht so lustig, ich allerdings schon. Meine Freude ist umso größer, wenn ich endlich jemanden treffe, der nicht gleich großspurig loskläfft und mit mir spielen will, wobei es häufig schmutzig zugeht. Oftmals höre ich meine Familie nach mir rufen und mit Leckerlis winken – aber warum sollte ich das Spiel unterbrechen? Es macht doch gerade so viel Spaß mit meinem Artgenossen. Am Ende unserer Rangelei ist es dann besonders spannend zu sehen, wie schockiert die Menschen auf uns schauen. Ich mach mir nie Sorgen um den ganzen Schmutz, der an uns klebt, da ich spätestens zu Hause wieder wie geleckt aussehe. Auch Frauchen vergräbt kurze Zeit später wieder ihr Gesicht in meinem Fell, weshalb ich auf den Deoroller verzichten kann.

Am liebsten verbringe ich den ganzen Tag Zeit mit meiner Familie. Spaziergänge im Wald bringen so richtig meinen Entdeckerdrang hervor. Wäre da nur nicht immer diese lange Leine. Ich wäre auch sicherlich vor dem Abendbrot wieder zu Hause. Alles was sich bewegt, möchte ich fangen, alles was ich sehe, möchte ich beschnuppern, und alles was sich im Boden vor mir verstecken will, grabe ich aus. Wenn ich dann zu erschöpft bin, lasse ich das meine Familie auch spüren, bis sie verstanden haben, dass wir jetzt eine Rast machen sollten

oder sie mich ansonsten tragen müssen. Mir gefällt Letzteres natürlich viel besser. Der Rucksack und ich waren anfänglich keine Freunde, jedoch lernte ich den Vorteil sehr schnell zu schätzen, wenn ich auf Augenhöhe mit meinem Herrchen die Welt von oben erkunden kann, ohne dabei eine Pfote krumm machen zu müssen.

Da ich ein Stadtbewohner bin, habe ich schon allerlei seltsame Sachen mitgemacht. Neulich wurde mir ein Fahrrad vorgestellt. Ziemlich groß und unheimlich dieses Ding. Wie sich herausstellte, sollte ich im Körbchen auf dem Fahrrad platznehmen. Was bringt mir das? Um diesem unsinnigen Treiben zu entkommen, streckte ich mich in alle Richtungen, sodass ich nicht in den Korb passte. Man, habe ich innerlich gelacht! Meine Familie allerdings nicht… Da ich sie nicht traurig sehen wollte, gab ich meinen Widerstand deshalb wieder auf und ließ mich auf ihr Experiment ein.

Als sich das Fahrrad dann in Bewegung setzte, erkannte ich den eigentlichen Sinn hinter diesem Ding. Klasse! Wie schon beim Rucksack muss ich mich nicht bewegen und hab' dennoch den vollen Überblick. So lässt sich's leben!

Einen Tag später fuhren wir gleich gemeinsam in die große Innenstadt. So viele Menschen, Gerüche und Geräusche. Da wurde mir angst und bange. Ich brauche häufig meine Zeit, um mich mit neuen Situationen anzufreunden. Wenn mein Herrchen dann zu schnell neue Wege einschlägt, werfe ich mich einfach hin und mache dicht. Der soll sich doch mal die Welt von hier unten angucken. Für heute haben wir es dann zum Glück dabei belassen und sind wieder entspannt nach Hause geradelt. Das Strampeln durfte aber Herrchen übernehmen – hehe!

Kuma und die Sache mit der Erziehung

Von Silvia Bühringer

Kurz zu mir: Ich bin Kuma, ein noch junger Shiba-Rüde mit gerade mal sechs Monaten. Unserer Rasse wird nachgesagt, wir seien stur und schwer erziehbar – alles Märchen, oder doch nicht? Also ich kann von mir behaupten, dass ich nur selten stur bin und das hat dann auch seinen Grund. Nämlich dann, wenn mein Lebensmotto „Was du für mich tust, tue ich auch für dich" nicht beachtet wird.

Ich kann sehr gut einschätzen und beurteilen, ob da von der Gegenseite Mensch etwas kommt oder ob ich als „Zirkustier" gesehen und behandelt werde. Ich sehe die Verbindung zu meinen Menschen als echte Partnerschaft, in der beide Seiten (fast) gleichberechtigt sind. Allerdings muss ich zugeben, dass das nicht immer so funktioniert, wie ich das gern möchte. Aber wenn die Basis stimmt, kann ich damit sehr gut leben und mach' dann auch, was mir gesagt wird.

Was ich aber überhaupt nicht abkann, ist Hektik und Ungeduld. Diese „schlechte Energie" überträgt sich auf mich und ich reagiere dann sehr allergisch drauf. Man erreicht damit nur, dass ich nicht mehr höre und die Kommandos und Ansagen meiner Menschen ignoriere. Meine Eltern haben das ganz schnell gelernt; ich habe sie ganz gut erzogen. Na ja, eigentlich haben mich meine Lieblingsmenschen, auch mit Tipps aus der Hundeschule, erzogen und ich habe auch schon ganz viel von ihnen gelernt. Ich konnte ganz schnell „Sitz", „Pfote" und „Five". Das hat super funktioniert, auch weil ich dafür natürlich immer die leckeren Leberwurstkekse bekam. Jetzt mache ich das auch ohne Belohnung!

Ganz besonders stolz bin ich auf das „Klingeln", das mir mein Papa beigebracht hat. Ich sag euch, dass macht so einen Spaß, wenn ich mit der Pfote kräftig auf die Rezeptionsklingel haue und sehe, wie mein Herrchen sich freut. Als Belohnung gibt's dann immer Käsestückchen. Ich liebe dieses Spiel – auch weil das wie Nach-dem-Ober-Rufen ist: „Bedienung, bitte noch ein Leckerli!"

Wenn wir auf unsere große Trainingswiese im Wald gehen, weiß ich genau, dass jede Menge Käse im Gepäck ist. Ich bin dann schon immer ganz gespannt, was wir diesmal üben. Ich bin nämlich ein aufmerksamer Schüler und verstehe schnell, was ich machen soll. Mit der Umsetzung klappt's dann eigentlich recht gut – aber nicht immer, denn ich will ja auch noch ein echter Shiba und nicht fremdgesteuert sein. Ziemlich schwierig, oder besser gesagt lästig für mich, ist der Rückruf. Ich muss dann immer erst überlegen, ob sich die

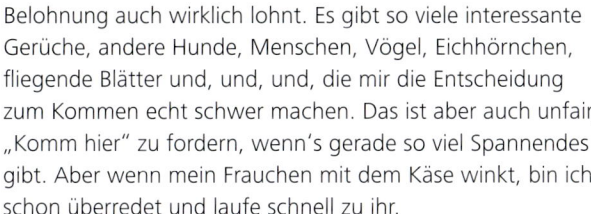

Belohnung auch wirklich lohnt. Es gibt so viele interessante Gerüche, andere Hunde, Menschen, Vögel, Eichhörnchen, fliegende Blätter und, und, und, die mir die Entscheidung zum Kommen echt schwer machen. Das ist aber auch unfair, „Komm hier" zu fordern, wenn's gerade so viel Spannendes gibt. Aber wenn mein Frauchen mit dem Käse winkt, bin ich schon überredet und laufe schnell zu ihr.

Wenn wir uns auf den Rückweg machen, ich aber noch gar nicht so gern nach Hause möchte, nutze ich jede Gelegenheit, um Zeit zu schinden. Da bin ich absoluter Profi und so mancher Fußballer könnte noch was von mir lernen. Auch wenn ich schon jeden Baum, Strauch, Grashalm und jedes Erdloch kenne, schnüffle ich daran herum und schau mir alles genau an.

Das geht so lange gut, bis meine Mama merkt, was ich im Schilde führe. Sie hat viel Geduld, aber irgendwann kommen ganz klare Ansagen, dass ich nicht so trödeln und einen Gang zulegen soll. Ich schau sie dann ungläubig an, ob sie auch tatsächlich mich meint. Leider kein Irrtum – sie hat mich voll durchschaut. Wenn wir dann einen Tannenzapfen oder ein Stöckchen finden, ist der Heimweg geritzt und ich laufe

brav – mit ein paar kurzen Unterbrechungen – mit meinem Frauchen nach Hause.

Denn daheim ist es ja auch total schön, das vergesse ich immer wieder … Da warten meine ganzen Spielsachen und der gemütliche Sessel von Mama, auf dem ich mich oft ausruhe. Ich freue mich auch auf meine Intelligenzspiele. Ihr wisst schon, das sind die Teile mit Schiebern, Klappen und Hebel, in denen Leckerlis versteckt werden. Die zu knacken war ein Klacks für mich – das ist vielleicht was für Babys, aber bestimmt keine Herausforderung für einen Shiba. Nach dem dritten Mal habe ich die Leckerlis schon im Liegen herausgeholt. Das ist richtig cool und macht total Spaß.

Nach einem anstrengenden Hundetag mit so vielen Eindrücken und Neuerlerntem darf ich nachts im Bett bei meinen Eltern schlafen. Das ist das Höchste für mich! Ich geh immer schon vor meinen Menschen ins Bett und liege in voller Länge quer über Kissen und Bettdecke. Wenn dann Mama und Papa kommen, stehe ich ohne Aufforderung auf und lege mich auf meine Schlafdecke am Fußende. Jeder hat seinen eigenen Platz im Bett – das weiß ich ganz genau.

Eigentlich kann ich das alles – wenn ich möchte

Von Lena Lemkemeyer

Es ist sonnig. Ein heißer sonniger Tag und ich mache schon den ganzen Tag nichts, als mich faul in der Sonne zu baden. Frauchen ist nach dem frühen Morgenspaziergang noch nicht zu Hause gewesen. Nur Herrchen ist da, aber mit dem kann man nicht so viel Spaß haben, weil der immer so schnell aus der Puste ist.

Mit Frauchen kann man alles machen – ganz schnell rennen, ewig lange Spaziergänge machen und, was am besten ist, neue Tricks lernen.

Ich liebe es, wenn Frauchen mir neue Tricks beibringt, denn ich begreife schnell. Ich bin schließlich ein Shiba.

Wenn Frauchen nach Hause kommt, steigt sie manchmal mit mir ins Auto und wir fahren an einen supertollen Ort – in die Hundeschule –, so nennt Frauchen das zumindest. Ich würde es eher „Hundespaßgruppe" nennen. Es sind immer viele andere Hunde mit ihren Frauchen und manchmal auch Herrchen dort, an denen sich „mein" Herrchen mal ein Beispiel nehmen könnte.

Heute ist Rallye Obedience dran. Frauchen ist dann immer ganz ernst und konzentriert und ich soll ohne Leine neben ihr herlaufen. Ich bin ein bisschen hungrig und sie hat Leckerlis, also würde ich alles tun, was sie will – hofft sie.

Abwechselnd lässt sie mich auf einer Strecke irgendwelche Tricks machen, die auf Schildern stehen. Immer wieder andere, das macht Spaß und bringt Abwechslung. Natürlich mache ich gut mit, allerdings in meinem Tempo. Frauchen ist immer schnell unterwegs und um schnell zu sein, ist es eindeutig zu warm. Immer wieder versucht sie, dass ich schneller laufe. Die hat ja auch leicht reden ohne so einen Haufen Unterwolle, wie ich ihn trage. Trotzdem strenge ich mich an und mache alles richtig, wenn auch etwas langsamer, als Frauchen es gern hätte. Obwohl ich die Tricks alle schon kann und manchmal sogar die Schilder kenne, sodass ich Frauchens Kommando gar nicht mehr brauche, schaue ich sie aufmerksam an, dann gibt es noch mehr Leckerlis. Die anderen Hunde scheinen da größere Probleme zu haben, denn sie wiederholen die meisten Tricks bestimmt zehn Mal.

Allerdings fängt auch Frauchen nach drei Minuten mit der Strecke und allen Tricks wieder von vorne an. Das wird mir langsam zu langweilig und außerdem – so großen Hunger habe ich langsam auch nicht mehr. Ich würde jetzt lieber einfach so rennen und Frauchen könnte ja meinen roten Ball werfen – sie hat ihn immer dabei. Ich liebe es, dem Ball nachzulaufen und dort stehen zu bleiben, wo er gelandet ist. Nicht so toll ist, dass Frauchen immer ewig braucht, um zu mir und dem Ball zurückzukommen, um ihn nochmal zu werfen. Manchmal denke ich, dass ich ihr den Ball bringen sollte. Wenn sie ihn aber wegwirft, muss sie ihn dann auch selbst zurückholen.

Jetzt renne ich ein Stück weg, damit sie sieht, ich bin bereit dafür, und sie endlich meinen Ball wirft. Doch Frauchen wirft nicht, sie ruft nur ganz laut nach mir – als würde ich nicht

gerade fast direkt vor ihr stehen – und gestikuliert wild mit ihren Armen. Sie macht keine Anstalten den Ball zu werfen und will nur weiter diese Tricks machen, die ich doch eben alle schon mal gemacht habe. So macht das keinen Spaß! Ich drehe mich um und gehe, denn auf Tricks habe ich keinen Bock mehr. Die anderen Hunde laufen immer noch brav und aufmerksam neben ihren Besitzern her, was ich jetzt nicht wirklich verstehen kann. Wird denen nicht auch mal langweilig? Also ich mach jetzt lieber was anderes.

Ich drehe mich noch einmal nach hinten, um zu sehen, was mein Frauchen macht. Toll, sie kommt noch immer wild gestikulierend hinter mir hergelaufen. Endlich spielen wir fangen – auch gut!

Der Shiba und andere Hunde
Sympathie ist Ansichtssache

Von Christiane Schober

Shiba-Besitzer berichten immer wieder, dass sie mit ihrem Liebling und anderen, fremden Hunden vorsichtig sein müssen. Der Shiba wird als dominant bezeichnet und das soll auch die Begründung für sein „erhabenes" Auftreten sein. Fakt ist aber, dass man hier nichts verallgemeinern kann. Jeder Shiba ist individuell wie wir Menschen auch. Wenn ein Shiba etwa von Klein auf an einen anderen Artgenossen gewöhnt wird, so kann daraus durchaus eine echte Freundschaft entstehen.

Man kann und sollte kein pauschales Urteil fällen, denn wie bei uns gibt es auch bei den Hunden Sympathie und Antipathie. Selbst wir können nicht jeden Nachbarn gut leiden oder finden es toll, wenn uns ein wildfremder Mensch anrempelt mit den Worten: „Na? Lust auf Spielen?" Auch wenn manche jetzt vielleicht denken: „Das ist ja jetzt wohl ein Unterschied!" Ist es das wirklich? Darf ein Hund sich nicht auf sein Bauchgefühl verlassen und entsprechend reagieren, nur weil er ein Hund ist?

Vielleicht findet es der Shiba nicht besonders prickelnd, wenn ein fremder Hund im Streckgalopp auf ihn zu rennt, um sofort im Anschluss an seinem Hintern zu schnuppern – vor allem so ganz ohne zu fragen und sich vorher vorzustellen. Wenn der Shiba daraufhin Protest anmeldet, ist er dann automatisch „unsozial"? Wenn der Shiba-Besitzer seinen Hund an lockerer Leine führt und es kommt ein nicht angeleinter Hund auf ihn zu, werden die meisten rufen: „Holen sie bitte Ihren Hund zurück?" Darauf folgt in 99,9 Prozent aller Fälle die Antwort:

„Der tut aber nix!" Inzwischen ist der fremde Hund schon fast bei Ihnen. Für weitere Erklärungen ist es deshalb oft zu spät, denn dann kann es schon knallen. Warum? Weil der andere Hundebesitzer einfach zu ignorant war – aber sicher nicht, weil der Shiba per se aggressiv ist. Ich kenne Shiba-Besitzer, die sind inzwischen so verzweifelt über die Ignoranz anderer Hundehalter, dass sie schon von Weitem warnend rufen: „Entschuldigen Sie bitte, aber meiner ist ansteckend …"

Es stimmt wohl, dass der Shiba eine hohe Individualdistanz hat. Aber haben wir das nicht alle? An der Kasse den Einkaufswagen des Hintermannes in die Fersen gerammt zu bekommen, am Bankschalter neugierige Blicke über die Schulter zu kriegen – all das wollen wir Menschen schließlich auch nicht. Darum stelle ich mir immer wieder die Frage: Warum denunzieren Menschen eine ganze Hunderasse, nur weil der Shiba einen Funken Grundanstand beim Artgenossen erwartet?

Da man im Internet sehr viel „Schlaues" über diese Rasse lesen kann – und nachher trotzdem nicht schlauer ist –, kommen hier Erlebnisberichte, die genau so passiert sind oder ständig wieder passieren. Lesen Sie selbst, was unsere Shibas und deren Besitzer dazu berichten: Sie werden sich wundern …

Kuma und andere Hunde

Von Silvia Bühringer

Hallo, ich bin's wieder Kuma, der kleine Rüde.
Mit meinen sechs Monaten habe ich noch nicht so viel Lebenserfahrung und unterstelle immer, dass alle meine Artgenossen ebenfalls so jung, übermütig und neugierig sind. Trotzdem habe ich noch keine schlechten Erlebnisse gehabt. Ich bin mit drei Geschwisterchen, meinem Papa, meiner Stiefschwester und einer älteren Dame in einem bestens umsorgten Familienverbund mit 24-Stunden-Service – was ihr wohl Wellness- oder Wohlfühlparadies nennen würdet – aufgewachsen.

Nach meinem Auszug aus der Kinderstube habe ich schnell Kontakt mit Hunden von Freunden meiner neuen Rudelführer aufnehmen können. Da ist zunächst meine Patentante – eine 8-jährige Langhaardackel-Hündin. Mit der habe ich mich sofort gut verstanden und wir spielen oft zusammen. Sie nennt mich Popo-Beißer. Zugegeben, ihr hinten leicht in die Flanke

zu beißen und an der langhaarigen Rute zu ziehen, macht mir großen Spaß. Von ihr habe ich das Laufen im Rudel gelernt. Zusammen sind wir – da war ich gerade mal zehn Wochen alt – schon eine für mich weite Strecke gelaufen. Und bei einem gemeinsamen Urlaub hatten wir auch viel Spaß zusammen. Da hat sie mir das Benehmen in einem bekannten Modehaus (mit extra Wassernapf für mich) und auf einem Golfplatz gezeigt. Da muss man nämlich beim Abschlagen stillsitzen und auf das „Grün" darf man nicht draufgehen. Komisch: Am Abend beim Essen musste sie immer in der Wirtsstube rumlaufen. Da habe ich mich lieber auf meine Decke unter den Tisch gelegt und ihr den Knochen abgeluchst.

Mein direkter Nachbar ist ein kleiner Chihuahua. Der ist aber ganz und gar nicht mein Fall. Der ist mir zu klein und zu nervös, mit dem kann man nicht richtig spielen. Andererseits mag er keine quirligen Artgenossen, weil er schon ein bisschen älter ist. Ein chinesischer Nackthund mit Fell (echt komisch: aber so heißen die Chinese Crested Powderpuff), der eine Etage über mir wohnt, ist mir da viel lieber und inzwischen mein bester Freund geworden. Mit dem kann ich richtig Rumtollen und Fetzen. Der ist schon ein gutes Jahr alt und darf ohne Leine laufen, was er auch richtig ausnutzt, und ich dann das Nachsehen habe. Auch mit der Französischen Bulldogge unseres Hausmeisters verstehe ich mich gut. Er sagt immer, dass ich das ganz toll mache. Beim Gassigehen und in der Hundeschule habe ich außerdem schon viele andere Hunde kennengelernt. Ich mag eigentlich alle anderen Artgenossen – die größeren mag ich aber lieber. Und manche, die mich nerven, ignoriere ich und lasse sie links liegen. Ich kann gar nicht verstehen, warum mich andere Hunde anbellen müssen. Das mag ich nicht. Ich belle ja auch nicht oder nur ganz selten.

Beim gemeinsamen Spielen in der Hundeschule darf ich auch frei oder an der langen Schleppleine rumfetzen. Da komme ich mit allen gut aus. Da renne ich so schnell, dass meine Rute dann kerzengerade ist. Ein Zeichen, dass ich ganz entspannt bin. Da schlage ich richtige Haken und lasse die schwereren Burschen ins Leere laufen – das ist voll cool. Bisher gab es – auch wenn es mal zur Sache ging – selten Grund zum Einschreiten der Hundeeltern. Ab und zu gehen mit mir aber schon mal die Pferde durch und ich bin ziemlich aufgedreht. Dann holen mich meine Hundeeltern mit einem „Stopp, jetzt machen wir Pause" wieder runter. Da werde ich manchmal sauer. Aber meine Menscheneltern sind da konsequent, was ich jetzt auch gut akzeptiere. Ich weiß, das ist zu meinem eigenen Schutz.

Grundsätzlich gehe ich sehr interessiert und aufgeschlossen auf andere Hunde zu, wobei mein Frauchen immer erst checkt, ob eventuell Gefahr von dem anderen droht. Sie beobachtet dann den Fremden mit Anhang genau und

sichert mich notfalls ab. Wenn es mir zu gefährlich ist, dann stelle ich mich zwischen ihre Beine und sie sagt „Alles gut, keine Angst".

Wenn ich mit anderen Hunden spielen will, dann ducke ich mich, lege meine Vorderpfoten samt Kopf auf den Boden und strecke den Popo mit einem kräftigen Schwanzwedeln in die Höhe. So fordere ich zum Mitspielen auf. Ich bin dann jederzeit startklar. Das macht mir Spaß, aber wohl nicht allen anderen. Wenn diese Aufforderung nichts hilft, stelle ich mich auch auf die Hinterpfoten und mache Männchen oder boxe vorsichtig mit einer Pfote in Richtung Artgenosse. Das heißt dann „Bitte, bitte, spiele mit mir". Trotz meiner Bemühungen zur Spielaufforderung reagieren manche Hunde nicht. Das kann ich gar nicht verstehen und bleibe verdutzt stehen. Es dauert dann eine Weile, bis ich mit meinem Frauchen weitergehe. Genauso ist es, wenn ich einen Kollegen von Weitem sehe und der mich gar nicht anschaut. Das ist doch eine Frechheit! Immerhin bin ich doch ein stolzer Shiba, dem man auch entsprechende Aufmerksamkeit zu schenken hat. Meine Mama sagt dann immer „Du bist doch mein Bester, wir brauchen keine anderen". Da schaue ich sie ganz treuherzig an, sie gibt mir ein Leckerli und dann marschieren wir weiter.

Größer oder nicht größer, das ist hier die Frage

Von Katrin Pollems-Braunfels

Friedlich schnüffelnd laufe ich durch den Englischen Garten in München. Man hat so viel zu tun als Rüde im besten Alter! Alle Bäume sind zu markieren, dazu mindestens jedes dritte Grasbüschel und falls irgendwo ein Maulwurfshügel ist, bedarf auch der einer gründlichen Inspektion. Was für ein Arbeitspensum! Angeblich führen insgesamt zwölf Kilometer Reitwege durch den Englischen Garten. Aber wie sieht es aus mit Bäumen, Grasbüscheln und Maulwurfshügeln? Die hat sicher noch niemand gezählt!

Plötzlich entdecke ich etwas: Da hinten ist ein anderer Hund! Ist er größer als ich oder nicht? Noch kann ich es nicht erkennen … Hoffentlich läuft er vorbei, dann kann ich so tun, als hätte ich ihn nicht gesehen. Wobei das für einen Shiba wie mich quasi unmöglich ist. Alle paar Minuten richten wir uns auf und scannen die Umgebung. Wenn ich ehrlich sein soll, sind wir Shibas ja nun nicht die größte Hunderasse. Deshalb mag ich weite, übersichtliche Wiesen, wo ich alles überblicken kann, so gern. Das funktioniert noch besser, wenn auch der Wind richtig steht. Dann sagt mir meine Nase sogar, ob es sich bei dem Fremdling um eine Hündin oder einen Rüden handelt und wie er oder sie so drauf ist. Meine Augen sagen mir hingegen schon früh, ob ich den anderen kenne, ob er einer meiner Kumpel ist, wie dieser alte Labrador Retriever, dessen Arthrose ihm einen so komischen Gang beschert, oder eine „meiner" Hündinnen.

Der da hinten ist jedenfalls kein Bekannter – mit dem muss ich anders umgehen. Dabei würde ich jetzt viel lieber einfach unbehelligt weiter schnüffeln. Ich rieche, dass hier gerade die hübsche Hündin von gegenüber vorbeigekommen ist. Und hier lief eine Maus über den Weg. Da drüben hat sich ein Maulwurf vergnügt – die schmecken übrigens gar nicht gut, habe ich nur einmal probiert und dann nie wieder.

Aber zu früh gefreut, jetzt kommt der Fremde doch auf mich zu: Ein schwarzer Labrador Retriever. Oh nein, die sind erfahrungsgemäß immer so unkontrolliert. Echte Grobmotoriker, hat mal ein Hundetrainer gesagt. Aber mein Stolz verhindert, dass ich der direkten Konfrontation noch entgehe.

Taktik Nummer Eins: Ich stell mich jetzt einfach mal stocksteif hin. Wie ich die Labis kenne, kommen die dummdreist schwanzwedelnd auf mich zu. Dem kann ich nur mit größtmöglicher Arroganz begegnen. Da kommt er auch schon, jetzt bloß nicht bewegen! Stoisch lasse ich den Kerl schnüffeln, stakse dann steif um ihn herum und reagiere erst auf das Rufen meines Frauchens, als der Labrador bereits den Rückzug angetreten hat.

Wurde aber auch Zeit! Wenn der noch länger geschnüffelt hätte, wäre mir nur übrig geblieben ihn anzuknurren. Nur so zur Warnung, dass man einen Shiba nicht so respektlos behandelt! Jetzt, wo der Fremdling wieder weg ist, werde ich am nächsten Baum nochmal sehr deutlich machen, dass der Englische Garten eigentlich mein Revier ist und alle anderen hier bestenfalls geduldet werden.

Oh, da kommt ja schon wieder einer um die Ecke. Meine Güte, ist der groß – eine Dogge. Da muss ich schon mal laut werden, um klar zu machen, dass ich mich von dieser Erscheinung nicht beeindrucken lasse. Ob ich den verbellen kann?

Uiih, da hinten wird's viel interessanter: Da läuft meine Freundin! Okay, eigentlich nur eine meiner Freundinnen, denn treu bin ich nicht. Noch ist sie ganz weit weg, aber da muss ich jetzt unbedingt hin! Sie freut sich immer so über mich und weiß auch, wie man einen Shiba anständig behandelt: heftiges Schwanzedeln, Schnauze lecken, Unterwerfungsgesten, Spielandeutungen. Da lasse ich mich sogar gern dazu herab, sie ebenso üppig zu begrüßen: aufeinander zu rennen, Ohren wegklappen, wedeln, was der Ringelschwanz hergibt, ein bisschen an der Schulter anrempeln, an der Schnauze lecken, umeinander herumspringen – und dann ist auch wieder gut. Man muss ja nicht übertreiben. Aber danach muss ich mindestens dreimal den nächsten Baum markieren: meins! Englischer Garten, die Hündin – alles meins! Aber ich bin gnädig und lasse alle hier herein. Nur, dass es klar ist: meins!

Und jetzt? Für die Momente nach der Begrüßung haben wir keine gängige Choreografie. Entweder laufen wir nebeneinander her und zeigen uns gegenseitig die Hotspots, die am besten riechen. Oder wir haben uns gerade gar nichts zu sagen und – Moment! Was für ein Duft zieht mir da in die Nase? Alle meine Rüdenfasern ziehen mich in diese Richtung: Das ist eine läufige Hündin. Das riecht so unwiderstehlich, ich sehe und höre nichts anderes mehr! Doch aus der Traum – plötzlich steht mein Frauchen vor mir – mit der Leine. Ich werde weggeführt. Noch ein letzter Blick: Hübsch war sie nicht, nett auch nicht, sie roch nur so unwiderstehlich! Nach so einer Aufregung brauche ich ein paar Minuten Erholung. Ein Shiba im besten Alter ist ja nicht aus Stein, so eine Enttäuschung muss erst verkraftet werden. Glücklicherweise gehen wir noch nicht nach Hause, mein Frauchen ruft mich auf den anderen Weg, der noch einen langen Spaziergang verspricht. Will ich überhaupt so viel laufen? Okay, lassen wir Frauchen den Spaß.

Und hey, da hinten ist so eine süße Kleine, ob die mitlaufen will? Ich kann sie ja mal auffordern. Hinrennen, zum Spiel

auffordern, das ist doch wohl für alle verständlich, oder? Aber die Kleine reagiert nicht wie gewünscht. Ich mache ihr vor, was ich meine. So, ja, so: Laufen und Fangenspielen. Ja, wau, das wär's! Magst du nun, oder nicht, wau? Na bitte, jetzt hat sie's kapiert!

Oh, die ist aber schnell, schneller als ich. Hätte mir doch keinen Windhund zum Spielen aussuchen sollen. Macht trotzdem Spaß, nur eine kleine Pause wäre jetzt gut …

Konkurrenz geht gar nicht

Von Gabriele Horn

Wenn man so sein Revier abläuft und durch die Nachbarschaft flaniert, muss man sich leider immer wieder mit unsympathischem Gesindel rumärgern. Wann endlich kapiert der dunkle Rüde von Gegenüber, dass ich erstens hier der King of the Ring bin und zweitens ich mich nicht mit jedem unterhalte. Dieses nervtötende Gebell geht mir so was von auf'n Sack und führt mal zu gar nix. Aber er will es einfach nicht verstehen.

Letztens, als wir unsere Morgenrunde gedreht haben, kam er auch noch ohne Leine auf mich gepprescht. Das geht gar nicht! Ich mag das nicht! Also Lefzen hochziehen und Zähne freilegen – hilft nicht! Okay, dann knurren noch dazu – hilft auch nicht, der kommt weiter auf uns zu. Auf das Rufen meines Lieblingsmenschen „Würden Sie bitte Ihren Hund

zurückholen, meiner versteht sich nicht mit anderen Rüden" kam nur ein „Meiner tut nix, der will nur spielen". Aber ich will nicht spielen!

Als er dann gefühlte 5 Zentimeter vor mir war, konnte ich nicht anders – ich habe versucht ihm sein blödes Ohr zu tackern. Leider nicht erwischt, Frauchen war schneller und hat es verhindert – verdammt, das hätte mal gesessen. Völlig aus der Puste kam dann keuchend endlich der Besitzer von diesem Nervtöter und hat ihn an die Leine genommen – da gehört er auch hin! Der soll mich in Ruhe lassen …

Aber weil dieser Tag nicht schon stressig genug begonnen hat, treffen wir auf der Abendrunde noch diesen unverschämten Labi. Der ist mir auch ein Dorn im Auge, hat er doch die blöde Angewohnheit, voll in mich rein zu laufen. Für mich ist dieses Anrempeln eine echte Kriegserklärung. „Frauchen, darf ich ihn in den Boden schrauben – er hätte es verdient?" Aber nein – Frauchen möchte, dass ich mich „anständig" verhalte. Da soll man nicht sauer werden! Die dürfen sich alles erlauben und ich muss die Füße stillhalten? Da soll man nicht vor Wut überkochen!

Kann es denn keiner verstehen, dass man so keine Sympathie bei mir gewinnt? Anders sieht es mit Hundedamen aus, vor allem wenn sie so gut riechen. Die dürfen fast alles – mit denen teile ich sogar mein Spielzeug. Vielleicht habe ich ja eine Chance bei ihnen. Ja, so ist das im Leben!

Hübsche Damen, ja – Konkurrenz, nein! Ich bin eben ein echter Kerl!

Rache mal anders

Von Renate Bauer

Hallo, ich darf mich vorstellen: Mein Name ist Akuma, ich bin elf Wochen alt und stamme aus den Niederlanden. Meine Menschen sind Hunderte von Kilometern gefahren, um mich zu sich in ihr Zuhause zu holen. Frauchen und Herrchen sind richtig nett! Naja, die meiste Zeit jedenfalls.
Wenn sie der Meinung sind, dass ich etwas angestellt habe – was ich natürlich nie machen würde –, dann schimpfen sie auch mal mit mir.

Am meisten Spaß macht es mir, die Gegend zu erkunden – natürlich nur mit Frauchen und an der Leine. Als wenn ich vorhätte wegzulaufen … Immer diese Vorurteile!

Seit ich hier eingezogen bin, treffe ich bei meinen täglichen Spaziergängen diesen komisch aussehenden Wuschelteppich. Ich bin nicht mal sicher, ob das ein Hund ist, geschweige denn, wo vorne und hinten ist. Der sieht wirklich aus, als wäre er gerade explodiert. Und keine Manieren hat der Typ, das kann ich euch sagen! Am Anfang freute ich mich auf einen Freund zum Spielen, denn er hat mich erst mal angewedelt. Aber dann fängt dieser arrogante Schnösel an zu kläffen und zu knurren – und das jeden Tag! Das nervt einen aber mal richtig! Frauchen mag ihn übrigens auch nicht …

Acht Monate später …
Hach, das Leben ist doch herrlich. Alles meins! Zäune: meins, Laternenmast: meins, jeder Flecken Wiese gehört auch mir, habe ich persönlich markiert. Ich bin ein richtiger Rüde. Schön, stolz und anmutig – sagt mein Frauchen auch immer. Okay, sie sagt auch Sachen über mich, die so wirklich nicht stimmen, das schwöre ich! Dass ich zum Beispiel Spielzeug aus dem Kinderzimmer klaue und dann in einem anderen Zimmer kaputt mache. Aber das ist natürlich maßlos übertrieben.

Heute mache ich wieder eine schöne Spazierrunde mit meinem Frauchen. Ohne Leine, denn ich weiß mich ja zu benehmen. Und wen sehe ich da: Kollege Wuschelteppich! Ich habe ihn ja schon eine Weile nicht mehr getroffen. Also vom Aussehen hat er sich nicht verändert: Die gleiche Frisur wie eh und je. Immer noch nicht vorteilhaft. Und die Größe: Er ist wohl geschrumpft. Oder ich bin gut gewachsen. Und wie ist es um seine Manieren bestellt? War ja klar: Ich bemerke auch hier keine Veränderung. Blöd wie damals. Er ist und bleibt ein arroganter, kleiner Kläffer. Oh, heute hat er keine Leine dran … ich glaube, heute ist mein Glückstag! Schnell die Lage abchecken: Frauchen ist vom anderen Frauchen abgelenkt. Sehr gut!

Der Wuschelteppich bleibt wie erstarrt stehen, sein Mut ist wohl gerade ohne ihn weitergegangen. Was mache ich jetzt mit diesem Schnösel? Das muss wohl überlegt sein. Knurren und Kläffen wie er? Nein, das ist unter meinem Niveau. Ich habe eine viel bessere Idee: Einmal an ihm schnüffeln, umdrehen, das Bein über seinem Kopf heben und… aaaahhhhhh! Einfach laufen lassen!
Sein Frauchen kreischt hysterisch: „Neiiiiiiiiiiiiiiiin…..ich habe ihn doch gerade gebadet!" Doch mein Frauchen rettet die Situation: „Seien Sie doch froh… er hätte ihn auch fressen können."
Seit diesem Tag geht mir „Wuschel" aus dem Weg. Komisch… der ist aber empfindlich!

Wie sportlich ist der Shiba?
Erlebnisse aus dem Leben

Von Christiane Schober

Mit eine der häufigsten Fragen, die von Shiba-Interessenten gestellt wird, lautet: „Ist der Shiba sportlich?" Vielleicht in seiner Größe begründet zweifeln manche Menschen an der Agilität dieser Rasse. Dabei ist dieser robuste Hund wirklich für vieles geeignet. Wichtig ist, wie auch bei anderen Rassen, dass man das Training langsam beginnt und aufbaut. So sind Laufen am Rad, Wandern, Joggen usw. eine willkommene Abwechslung für unsere Shibas. Hundesport ist auch möglich, wenngleich mit kleinen Einschränkungen, die jedoch nicht in der Fitness, sondern eher im Charakter begründet sind.

Mit Motivation kann man „fast" alles mit seinem Shiba machen – übertriebener Ehrgeiz ist jedoch fehl am Platz. Ein Shiba ist ein geeigneter Begleiter auch für sportliche Aktivitäten. Sucht man jedoch einen „Sporthund", mit dem man Pokale gewinnen kann, sollte man sich vielleicht lieber nach einer geeigneteren Rasse umschauen.

In den folgenden Geschichten können Sie ein bisschen mehr darüber erfahren. Viel Vergnügen.

Wenn Herrchen keine Gämse ist …

Von Nina Naudet

Heute frühmorgens nach dem Aufstehen habe ich doch direkt gemerkt, dass irgendetwas faul war. Frauchen hat einen riesigen Rucksack aus dem Schrank gezogen und jede Menge Sachen eingepackt. Jetzt sind wir ohne meinen Dackelkumpel „Sir Henry" mit dem Auto unterwegs. Der Depp hat's mal wieder geschafft, sich die Pfoten wund zu laufen, aber der hat auch einfach keinen Blick fürs Schöne. Während ich durch diese Welt schlendere und alles ganz genau inspiziere, glaubt der Kerl, er wäre ein Schlittenhund, schmeißt sich in die Leine und hat nur noch das geglaubte Ziel vor Augen … selbst schuld.

Auch wenn ich nicht weiß, wo es eigentlich hin geht, freue ich mich riesig und singe deshalb die ganze Fahrt. Ich kann nämlich toll singen. In allen möglichen Oktaven – nur meine Menschen wissen das manchmal gar nicht zu schätzen und wirken irgendwann genervt. Naja, hat ja nicht jeder Ahnung von gutem Entertainment.

Als wir dann endlich anhalten, müssen die Menschen erst noch ihren „Pfotenschutz" wechseln, verstehe das, wer will. Nach einer gefühlten Ewigkeit stapfen wir los. Unser Abenteuer beginnt in einem Waldstück. Das ging direkt mal ganz schön bergauf, kann ich euch sagen. Meine Nase klebt am Boden fest und ich renne von rechts nach links wie ein Eichhörnchen auf Drogen. Auch Herrchen scheint ganz fasziniert und bleibt ständig stehen. Frauchen sagt, er macht Fotos. Keine Ahnung, was das soll, aber dass wir ständig auf ihn warten müssen, nervt.
Plötzlich tauchen auf unserem Weg ganz komische Gestalten auf. Sie sind riesig und haben Hörner auf dem Kopf. Als dann so eine Gestalt auf mich zukommt, mich auch noch anblökt,

habe ich direkt mal alles ausgepackt, was das Shiba-Soundsystem so hergibt. Soll mir bloß wegbleiben dieses Ding. Frauchen fand das lustig … pah!
Nach einiger Zeit sind plötzlich gar keine Bäume mehr da und ich sehe nur noch Berg und Schmetterlinge. Ich bin schwer beschäftigt damit, diese ganzen schwarzen kleinen Dinger zu fangen. Gar nicht so einfach, denn die Viecher sind wirklich schnell.
Als wir endlich oben auf dem Berg angekommen sind, machen wir eine Pause. Während meine Menschen sich ausruhen, habe ich allerhand zu tun, denn permanent kommen fremde Menschen an mir vorbei, die mich so toll finden und gern streicheln wollen. Frauchen tut ihr Bestes, denen zu erklären, dass das keine gute Idee ist, aber irgendwie interessiert die das nicht. Ich habe nämlich mal gar keine Lust, mich von

Fremden einfach antatschen zu lassen. Wenn sie mir dann doch zu nahe kommen, knurre und belle ich, was das Zeug hält. Dann fallen sie immer fast rückwärts um, weil sie sich so erschrecken. Tja, Pech gehabt, ich bin doch kein Stofftier.

Als unsere Tour dann endlich weitergeht, kommen wir an einem Wasserfall vorbei und ich springe in den kleinen Fluss. Ich liebe Wasser und muss immer und überall reinspringen. Auf einmal ist er dann da, der Abstieg! Hätte mir ja auch mal einer sagen können, dass wir diese ganze Strecke wieder runter laufen müssen. Keine Ahnung, warum man so was macht, aber nun gut. Allerdings bin ich sehr froh, dass ich mit meinem Allrad-Antrieb deutliche Vorteile gegenüber meinen Zweibeinern habe. Ich wäre auf jeden Fall in null Komma nichts unten, würde Frauchen nicht an mir dranhängen.

Herrchen ist immer noch die ganze Zeit mit seinem komischen Ding beschäftigt, um Fotos zu machen. Und als ob man es hätte ahnen können, donnert es auf einmal hinter uns, ich höre Geröll abrutschen gefolgt von einem lauten Rumsen. Vor lauter Schreck mach ich einen riesigen Satz nach vorne, bleibe stehen und sehe mich um. Ich dachte, hinter mir wäre der Berg abgerutscht, aber nein, Herrchen hat es tatsächlich geschafft auszurutschen und ist wohl unsanft auf seinem Hinterteil gelandet. Ich habe mich so wahnsinnig erschrocken, dass ich auf ihn zugesprungen bin und ihn kläffend angemotzt habe. Ich war aber auch außer mir. Selbst Frauchen konnte mich erst mal nicht beruhigen. Das kommt davon, wenn man immer Fotos machen muss, anstatt auf den Weg zu achten. Frauchen hat sich köstlich amüsiert darüber, dass ich Herrchen so angemeckert habe. Die hat gut reden ...

Am Ende sind wir dann doch noch heil an unserem Auto angekommen und plötzlich überkam mich eine gaaanz große Müdigkeit. Das war ein anstrengender und auch schöner Tag. Deshalb hatte ich mir jetzt auch ein ausgiebiges Schläfchen verdient.

Benji auf Skitour

Von Bernd Radloff

Juhu, es ist wieder so weit!
Es riecht nach Schnee und mein Herrchen hat schon abends seinen Rucksack gepackt! Ich leg mich sicherheitshalber schon mal in die Nähe der Tür, damit er mich morgen auf keinen Fall vergisst! Früh am Morgen geht es dann mit dem Auto los – nach einem kleinen Schläfchen kann ich die schneebedeckten Berge schon erkennen und werde ganz aufgeregt vor Vorfreude. Und dann ist es endlich so weit – ich springe aus dem Auto und fühle den ersten Schnee unter den Pfoten, ich gebe so richtig Gas, stecke immer wieder die Schnauze genussvoll in den Schnee und jaule vor Freude.

Es dauert leider, bis Herrchen endlich seine Ski angeschnallt hat. Dann geht's los – immer bergauf. Die Gegend kenne ich noch nicht, also bleibe ich besser in der Nähe von meinem Herrchen. Wir durchqueren Wälder und freies Gelände und der Schnee wird immer tiefer, deshalb bleibe ich in der Skispur und spare Kräfte.

Nach einem letzten steilen Hang sind wir am Gipfel. Wir ruhen uns in der Sonne aus und ich bekomme ein paar Leckereien. Jetzt werde ich langsam ungeduldig, weil ich mich schon so auf die Abfahrt freue! Die Abfahrt ist das Tollste für mich

– auch ohne Ski. Ich kann es kaum erwarten bis Herrchen endlich losfährt. Ich habe bei den letzten Touren schnell Tricks herausgefunden, wie ich zum Beispiel am schnellsten hinter den Skifahrern herkomme, am liebsten würde ich sie ja überholen. ….

Bei festem Schnee oder steilen Hängen laufe ich nicht den Kurven nach, sondern nehme den geraden und schnelleren Weg nach unten, bei Tiefschnee, so wie heute, laufe ich einfach in der Skispur von Herrchen hinterher.

Wir kommen schnell wieder zum Parkplatz. Obwohl ich schon ein bisschen erschöpft bin, finde ich es sehr schade, dass die tolle Tour vorbei ist. Vielleicht kann ich ja mein Herrchen davon überzeugen, dass wir noch einmal raufgehen? Ich komme nicht zum Auto und laufe lieber wieder ein Stück den Berg hinauf, dort setze ich mich hin und warte auf Herrchen – leider kommt er auch nach längerem Warten nicht. Also trotte ich doch zum Auto und bin dann auch froh, mich hundemüde und sehr zufrieden ins Auto legen zu können.

Shiba rennt – Shiba und Agility

Von Mina Piske; Leistungsrichterin Agility DVG Bayern

Ich bin ein Hundemensch, zwar auch ein Katzenmensch, aber schon mehr dem Hund zugetan. Seit 30 Jahren begleiten mich aktive Hunde, die ihre Freizeit mit mir verbringen wollen. Eine rasante Freizeit, denn wir engagieren uns in der Sportart Agility. Begonnen habe ich mit kleinen Mischlingen, dann kamen Border Collies, inzwischen bin ich auf den Kobold Sheltie umgestiegen. Weil ich von Agility nicht genug bekommen konnte, bin ich Leistungsrichterin in dieser wunderschönen Sportart geworden. Seit zehn Jahren stelle ich Parcours für aufgeregte Sportler und habe dabei viele verschiedene Hunderassen auf dem Tummelplatz der Extremsportler gesehen.

Zur Verdeutlichung: In der höchsten Klasse überwinden die Hunde 20 Hindernisse in etwa 30 Sekunden. Aber unsere Sportart lässt auch Raum für weniger sportliche Teams. Nicht jeder Mensch ist dazu geboren, bei diesen Geschwindigkeiten einen triebstarken Hund zu führen.
Im Laufe der Zeit entwickelt der gut geschulte Leistungsrichter einen Blick für den geforderten Einsatz. Denn auch ich renne mit den Teams mit, um fair richten zu können. Beim Border Collie muss ich die Schuhe enger schnüren, beim Nordischen denke ich an ein Tässchen Kaffee.

Nachdem mir der Shiba als Hund durchaus bekannt ist und ich den Eigensinn der Rasse miterleben durfte, sehe ich einen solchen Vertreter mit gemischten Gefühlen entgegen, wenn der Startsprung uns beide trennt. Meine Shelties stehen am Start und man merkt die Anspannung, der Trieb überdeckt den Willen, der Körper sitzt noch in Position, aber der Geist ruft zum Abflug. Den Frühstart zu verhindern, ist eine große Kunst und ein wesentlicher Bestandteil der Erziehung.

Der handelsübliche Shiba allerdings sitzt einfach dort, wo man ihn abgesetzt hat. Mit Glück und guter Erziehung bleibt er dort. Wenn er dann bleibt, kann er auch schon mal das Auflösungskommando überhören. Hat man das Tier in Bewegung gebracht, kann der gut gelaunte und sorgenfreie Shiba in einer durchaus angemessenen Geschwindigkeit durch den Parcours „rennen" – also manche, andere haben dieses Verb aus dem Satzbau gestrichen, „schreiten" trifft es eher. Ich sehe also diesen urtypischen kleinen Vertreter der caninen Art, wie er in gleichmäßiger, wohl dosierter Geschwindigkeit den Parcours durchschreitet. Und ich könnte schwören, der kleine Gnom weiß genau, dass das auch schneller geht. Aber es gibt einfach kein Argument, warum das auch schneller gehen muss.

Für einen trockenen Keks oder gar ein stinkendes angesabbertes Spielzeug rückt der Shiba keine Extremleistungen raus. So schreitet also der kleine König dieses Reiches über den Parcours und folgt in angemessenem Maß den Wünschen seines Menschen. Manche Hunde haben mit der Bewegung der Wippe Probleme und zeigen das durch Unsicherheit. Es ist Aufgabe des Menschen, aus dem Höllenteil in kleinen Portionen einen Ort des Wohlfühlens zu zaubern. Beim Shiba sehe ich ein anderes Wippenproblem, nämlich einen selbstsicheren kleinen Hund, der mit zwei Pfoten auf der Wippe und mit zwei Pfoten in der Wiese steht. Und wenn er steht, dann steht er. Der Mensch macht sich zum Affen, während der sture Shiba mit stoischer Selbstsicherheit einfach nur steht.

Nichts an dem Hund strahlt Unsicherheit aus, der weiß genau, was er da abzieht, und sieht seinen Menschen an, als würde er denken: „Bin mal gespannt, was er sich heute einfallen lässt." Aus der Verweigerung an der Wippe wird dann mal schnell die Disqualifikation. Enttäuscht, aber wegen dem Hund gut gelaunt, hüpft der Mensch weiter und landet am Slalom. Beim Border Collie wackelt das gesamte Gestell des herausfordernden Geräts, während beim Shiba die Vorgabe des Hundes zu sein scheint, bloß keine unnötige Bewegung auszulösen. Während andere Hunderassen vor lauter Geschwindigkeitsrausch am Ende gern mal zwei Stangen auslassen, kann das dem Shiba eher selten passieren. Einmal im Slalom verschwunden, arbeitet er das Hindernis Stange für Stange ab. Wenn es sein muss mit Geruchskontrolle an jeder einzelnen Stange. Am Ende sind fünf Minuten meiner Zeit weg, das Team ist disqualifiziert und der Mensch rennt freudestrahlend aus dem Parcours und erzählt jedem, wie schön der kleine Wicht den Slalom gemacht hat.

Hundeerziehung ist im Grunde Bestechung. Der gut gelaunte Shiba arbeitet bis zu einem gewissen Maß freudig mit, wobei sich die Freude nicht unbedingt in der Geschwindigkeit der Übungen zeigt. Aber wenn der Shiba im Anflug von Arbeitswille einen Gedanken an die

heimische Couch verschwendet, kann es auch schon vorbei sein mit dem Arbeitswillen. Denn wenn der kleine Kerl weiß, dass es Zeit für die Couch ist, wird der Mensch verlieren und die Couch gewinnen.

Wer sich am Ende des Laufs darüber freuen kann, dass die Maximalzeit nicht überschritten, der Slalom gut sichtbar vollkommen perfekt absolviert und die Wippe ohne dreimal Bitten bezwungen wurde, der kann mit einem Shiba im Sport glücklich werden. Auch wenn es den einen oder anderen Vertreter dieser Rasse gibt, der nie an der Wippe bremst und den Slalom auch ohne Zeitlupe überwinden kann, muss man bei der Anschaffung mit dem sportlich gemäßigten Shiba rechnen. Wer es schafft, aus dem Shiba einen verlässlichen Will-to-please zu zaubern, hat den harten Kern überwunden und das Herz dieses Eigenbrötlers erobert.

Shiba und das kühle Nass
Wasserabweisend

Von Christiane Schober

Der Shiba gilt als wasserscheu und das wird sehr verallgemeinert. Generell ist der Shiba ein sehr sauberer Hund, der kaum Eigengeruch hat – auch dann nicht, wenn er nass wird.
Die Herkunft dieser Rasse ist das japanische Bergland mit viel Schnee und somit erklärt sich auch sein Fell mit der dicken Unterwolle. Man könnte das Gefühl bekommen, als wäre es wasserabweisend und selbstreinigend.

Manche Shibas hassen Wasser und Regen – andere springen in den See und schwimmen wie ein Weltmeister. Was aber alle Shibas lieben, ist Schnee. Das weiche kühle Nass ist für diese Rasse fast wie ein Lebenselixier. Es gibt zwar Ausnahmen, die sind jedoch äußerst selten.

Lesen Sie in den folgenden Geschichten, was Shiba-Besitzer über ihre Erfahrungen zu berichten haben.

Shiba und Schnee – wenn der Hund zum Kleinkind mutiert!

Von Mario Forkmann

Ich darf mich Euch kurz vorstellen? Ich heiße Moppi – und das liegt nicht an meiner Figur, ich schwöre es. Wie ich zu diesem Namen gekommen bin? Eigentlich heiße ich ja „Kazakoshi no Terufusa go Yokohama Atsumi". Aber das kann sich ja wohl keiner merken. Also gaben mir meine Menschen den Spitznamen „Moppi". Jeder – außer mir –, der das Sandmännchen aus dem Fernsehen kennt, weiß dass es dort einen „Pittiplatsch", ein „Schnatterinchen" und eben einen „Moppi" gibt. Meine Menschen sagten immer, ich wäre als kleiner Welpe so tollpatschig wie eben dieser „Moppi" gewesen. Über den Geschmack bei der Namensfindung kann man ja bekanntlich streiten – aber wenn es meine Menschen glücklich macht, dann eben „Moppi". Es hätte schlimmer kommen können ...

Zum Glück weiß mittlerweile jeder, dass wir Shibas absolute Schneeliebhaber sind. Blöd nur, wenn es da, wo man lebt, eher „Krümel" schneit. Mit richtig echtem Schnee hat dies allerdings nur recht wenig zu tun. Wir Shibas lieben Schnee, aber keinen Matsch – das nur mal so am Rande bemerkt. Aber meine Menschen sind wirklich sehr erfinderisch. Sie haben Autos, mit denen man fast überall hinfahren kann – auch dahin, wo es den echten, richtigen, wahrhaftigen Schnee gibt.

Eines Morgens – ein schöner sonniger Tag – haben ich und meine Rudelfreunde Ino, Izumi und Motte (mein Herzblatt) sofort gemerkt: Da ist was im Busch! Das Auto wurde vollgeladen – inklusive alle unsere wichtigen Hundesachen. Das konnte nur bedeuten: Wir fahren weg! Weiter weg. Aber wohin nur?

Nach einer gefühlten Ewigkeit kamen wir endlich am Ziel an: Leute, das glaubt ihr nicht! Schnee, Schnee – alles voller Schnee ... also, so richtigen Schnee. Den echte, wahrhaftigen Schnee. Yeeeahhh, das Leben ist einfach genial – meine Menschen übrigens auch! Wir wohnten in einem riesigen Ferienhaus. Urlaub in Österreich – zumindest habe ich das so verstanden.

Anscheinend war es ziemlich kalt, denn Herrchen, Frauchen und die Kinder zogen sich ganz warm an – Mütze, Schal, Handschuhe, musste alles mit. Na, wir Shibas brauchen ja so was nicht, denn wir haben einen schönen warmen Pelz. Das ist viel nützlicher und sieht im Übrigen auch besser aus. Wir stiegen also wieder in dieses Auto. Weit mussten wir zum Glück nicht fahren, aber es gab so viele Kurven und Serpentinen den Berg hoch – mir war schon richtig schlecht davon. Aber – und das konnte ich fast selbst nicht glauben – noch mehr Schnee. Wir waren nun auf dem Berg angekommen. Ach was sag ich, nicht ein Berg, viele Berge, Schneeeeeeberge!!!! Als wir ausstiegen – links von uns, rechts von uns Berge aus Schnee. So hoch, dass wir gar nicht drüberschauen konnten. Und vom Himmel tanzten viele Schneeflocken. Mega – der Tag war gerettet!

Ich weiß nicht, ob ich es schon erwähnt hatte, aber auch Schneeflocken haben ihren speziellen Reiz. Man kann sie mit dem Maul fangen und sie auf der Zunge zerschmelzen lassen.

Coole Sache – aber irgendwann langweilig. Wir stapften also los – einen weiteren kleinen Berg hinauf. Da rutschten Kinder auf Schlitten den Berg herunter und die großen Menschen auf zwei Brettern an den Füßen. Oje, ich kann gar nicht zuschauen – ob das gut geht? Mag sein, dass es lustig ist, nicht laufen zu müssen. Ich für meinen Teil, so als richtiger Rüde, der was auf sich hält – ich mache das lieber mit meinen eigenen Beinen. Ich habe das nämlich voll im Griff! Ihr wisst schon – die Gene … Wir müssen unbedingt öfter hierherkommen! Der Schnee

neben dem Weg ist ja fast doppelt so hoch wie ich. Die sollen sich zu Hause mal ein Beispiel nehmen – die mit Ihren Schneekrümeln. Das hier ist der wahre Schneeeeee! Und gleich mit meinen Rudel-Freunden aufgeregt durch den weichen Schnee toben! Selbst meine Menschen rennen mit. Nur Ino kommt mal wieder nicht in die Gänge. Naja, er hat ja auch kürzere Beine als wir. An seinen Barthaaren kann ich doch schon wieder erkennen, warum er so trödelt. Sie sind nämlich ganz weiß. „Hey Ino, musst du schon wieder mit deiner Nase den Schnee schieben? Wir haben für so was keine Zeit …" Eine Schneehöhle, wow – da müssen wir alle mal rein. Ob sich da noch jemand drinnen versteckt vor der Kälte. Seht ihr mich noch? „Ach sind wir heute wieder kindisch." Meine Menschen versuchen erst gar nicht, uns in dieser weißen Pracht zu stören – vergesst es einfach, das haben wir ihnen schon ausgetrieben. Schnee verstopft die Gehörgänge! Das ist eine Nebenwirkung – glaubt mir!

So hoch oben auf dem Berg werden die Bäume neben dem Weg immer kleiner. Oder bin ich durch das Lutschen der letzten Schneeflocke gewachsen? Izumi sitzt übrigens gern auf einer Bank und beobachtet alles von oben. Na ja, auf der Bank da vorne kann sie das vergessen – jedenfalls nicht ohne dass ihr Hintern nass wird. Und ich weiß, das mag sie nicht. Ein Mädchen halt – was soll ich sagen? Leute, das hier ist mal richtig cool. Ich muss meinen Menschen unbedingt klarmachen, dass wir das jeden Tag möchten.
Ein großer Felsstein und ein Baumstamm liegen neben dem Weg. Perfekt zum Klettern und Abspringen runter in den Schnee. Da der soooo weich ist, kann mir auch gar nichts passieren. Motte klettert gleich hinterher. Ihr müsst wissen, dass ich auf die Motte ein Auge geworfen habe. Sie ist eine tolle Freundin und neckt mich immer. Dann renne ich schnell weg. Sie ist leider schneller als ich. Das muss unbedingt noch auf meinen Trainingsplan – schneller werden. Aber nach dem Schneeurlaub – alles zu seiner Zeit.

Langsam aber sicher wird durch das viele Schneespielen auch ein Shiba müde. „Können wir mal langsam umdrehen? Haaaaallo – wir müssen das alles doch wieder zurücklaufen!" Ich gebe es nicht wirklich gern zu – das ist ja richtig anstrengend. Aber ein wahrer Held lässt sich das nicht anmerken – er sucht nach kraftsparenden Möglichkeiten getarnt als Welterkundung! Die Kinder haben zwar eine Abkürzung gefunden – sie rutschen einfach einen Berg runter, wie auf einer Rutschbahn. Aber, wie vorhin schon erwähnt, das ist mir viel zu gefährlich. Auch meine Rudel-Freunde sehen das so. Wir spielen uns den Weg nach unten einfach lustig. Kennt ihr Shiba-Schnitzel? Nein? Geht ganz einfach: Shiba macht Rolle durch Schnee und sieht aus wie paniertes Schnitzel. Versucht das mal – und ihr habt die Show im Kasten bei euren Menschen.

Ahhhh, da hinten sehe ich doch schon langsam unser Auto. Noch mal eine Abkürzung durch den Schnee. Ich kann einfach nicht anders, er ist so unwiderstehlich – dieser Schneeeeee! Also hüpfe ich mal hier hoch und drüben wieder runter. Upps! Hilfe! Ich sehe nichts mehr! Mir ist ganz weiß vor Augen. Wo bin ich? Kann mir jemand bitte mal schnell das Licht anmachen? Mir helfen? Ah, ich fühle da eine Hand und da zieht mich jemand raus! Jetzt bin ich doch tatsächlich ganz im Schnee versunken. Schnell den ganzen Schnee abschütteln. Haare richten – nichts anmerken lassen. „Das war kein Unfall, das war ein Stunt!" Ino ist mir einfach hinterher gehüpft, wie so ein Lemming, hihi! Mit seinen kurzen Beinen kam er auch nicht allein heraus. Aber ein Mann muss eben tun, was ein Mann tun muss!

Im Ferienhaus zurück müssen wir uns erst mal ausruhen. Nach so viel Spaß und Anstrengung liegen wir geschafft, aber zufrieden vor der warmen Heizung auf dem Teppich. Jetzt strecken und schlafen. Ich träume bestimmt von den hohen Schneebergen und den Schneeflocken – eine Flocke, zwei Flocken, drei Flocken, vier Flocken …

Von kleinen Pfützen und großen schwarzen Löchern

Von Christiane Schober

Darf ich mich vorstellen? Mein Name ist JayJay und ich bin die jüngste in der Familie. Meine Menschen sagen, dass ich noch ein kleiner Zwerg bin. Das stimmt aber gar nicht, denn ich bin schon so groß, dass ich auf Zehenspitzen meiner neuen Hundefreundin das Futter aus dem Napf klauen kann! Jawoll! Außerdem bin ich die Heldin der Familie, was ich jeden Tag durch meine dreisten Aktionen, wie es meine Menschen nennen, beweise oder wenigstens versuche. Und mich schreckt mal gar nichts ...

Bis zu jenem Tag, an dem ich das erste Mal auf dieses große schwarze Loch getroffen bin – und ich schwöre es euch, das Ding war so riesig und es hat alles verschlungen, was dort reinfiel. Das habe ich mit meinen eigenen Augen gesehen: einmal reingefallen – weg!
Mal abgesehen davon, dass dieser Tag sowieso schon ziemlich blöd losging – denn es hat die ganze Zeit geregnet. Meine Menschen haben das selbstverständlich auch bemerkt, aber kamen dann mit dem Argument: „Juhuu, es gibt nicht das falsche Wetter, sondern nur die falsche Kleidung."

Von wegen: Regen ist ganz eindeutig das falsche Wetter – zumindest für mich! Aber habe ich eine Wahl? Nö! Diese Menschen sind so was von ungemütlich penetrant und wollen unbedingt raus, und zwar sofort. Also bekomme ich mal wieder das „Ausgehkleidchen" angezogen (wie ätzend) und los geht's.

Ach du Sch….! Och nö, Leute, das ist jetzt nicht euer ernst, oder? Hey Leute, das hat mit Regen nix mehr zu tun … stoooooopp .... ihhhhhhhhhh … Ich will sofort wieder rein, ich kann noch sehr lange durchhalten, ich schwöre es euch, wir müssen jetzt nicht gehen – also nicht wegen mir! Halllooooo, es ist mein absoluter ernst, ich verweigere jetzt gleich das Weiterlaufen.

„JayJay komm jetzt endlich, lass dich nicht so betteln, du bist gefälligst kein Schönwetterhund!"
(Ooohhh, wenn ihr wüsstet ...)

Menschen können so erbarmungslos sein, das kann ich euch sagen. Also sind wir weitergelaufen. Irgendwann war es dann auch schon egal … Ich bin jetzt eh total durchnässt! Euer Mitleid könnt ihr euch schenken – und euer blödes Gegrinse auch! Meine Ohren hängen durch die Gewichtslast dieser Monstertropfen. Und mir ist jegliche Motivation, sie wieder aufzustellen, aber so was von verloren gegangen …
Vergesst es – mir doch egal, wie ich aussehe!

Oh nein! Was zur Hölle ist denn das? Stopp! Halt! Ähm, hallo du Mensch, du? Hast du das Ding da vorne auf dem Boden gesehen? Haaaallllooo, warte doch mal – schau doch – da ist ein großes schwarzes Loch im Boden, schau, das verschlingt den ganzen Regen – wir dürfen auf keinen Fall reinsteigen, denn es wird uns verschliiiiingen! Oh Hilfe, ich kann gar nicht hinschauen – die gehen einfach weiter! Ich muss die Notbremse ziehen! Maximaler Totalstopp durch Vollbremsung aller vier Beine gleichzeitig! Heikles Manöver, allerdings in diesem Fall absolut notwendig, weil lebenserhaltend!

„JayJay, was ist denn schon wieder – komm jetzt weiter, dass bisschen Wasser da!"

Ein bisschen Wasser? Ihr habt wohl den Schuss nicht gehört. Mann eh, bleibt mal stehen! Ihr glaubt nicht, wie stur diese Menschen sein können, die bleiben einfach nicht stehen. Okay, ihr versteht es nicht anders – dann Sitzstreik! Ich gehe keinen Meter weiter. Stürzt euch doch selbst wie die Lemminge in dieses schwarze, dunkle Loch da. Ich mache da nicht mit, das könnt ihr vergessen. Ich bleibe hier sitzen, denn ich kann auch stur sein. (Yeah – wobei ich nicht stur, sondern nur schlau bin. Ich hab doch keine Lust da reinzufallen.)

„JayJay, was ist denn heute mit dir los – mach jetzt hier nicht auf Prinzessin!" Jaaaaaaa genau! Ich bin eine Prinzessin und ich will nach Hause ins warme Trockene und mit sicherem Boden ohne Löcher unter den Pfoten. Ihr habt es endlich gecheckt!
Was machen die jetzt? Nein, nicht hochheben! Nein, nicht – schwarzes Loch auf 12 Uhr!

Was soll ich sagen? Ich habe das Ganze überlebt. Hat gut geklappt. Meine Menschen haben mich einfach drübergehoben… Cool! Das merke ich mir für die Zukunft.

Ach – ich bin doch wirklich eine Heldin oder was meint ihr? Nicht? Okay, aber eine Prinzessin bin ich sicher – würden mich meine Menschen sonst noch über diese Pfützchen heben? Ich habe das beim zweiten Mal schon gecheckt – aber ich hab`s ihnen nicht verraten, denn ich mache mir doch nicht freiwillig meine Pfötchen nass …

Der Unterschied liegt im Detail – oder von wo das Wasser kommt

Von Nina Naudet

Ein ganz normaler Morgen. Nach einigen Weckversuchen habe ich es endlich geschafft mein Frauchen davon zu überzeugen, aus dem Bett zu steigen. Unser morgendliches Ritual sieht so aus, dass Frauchen mich als Allererstes in den Garten lässt. Schließlich liegt es in meiner Verantwortung, das hauseigene Außengelände zu überprüfen und zu checken, ob auch alle Nachbarn ihre Autos richtig geparkt haben. Außerdem kann man bei solch einer morgendlichen Kontrollrunde auch schon mal die Blase entleeren und frei laufende Kinder auf dem Weg zur Schule erschrecken.

Frauchen öffnet also die Terrassentür, ich stecke meine Nase in den Wind und dann das: Regen. Da rümpft sich meine Shiba-Nase und ich bleibe erst mal völlig angeekelt stehen. Wenn ich meine Contenance dann wiedererlangt habe,

drehe ich mich auf dem Absatz um und begebe mich unverzüglich auf die Couch. Meine Laune ist im Keller und ich grübele, wie ich mich bloß um die morgendliche Gassirunde drücken kann. Ehrlich gesagt weiß ich gar nicht, was ich schlimmer finde: den Regen oder die Tatsache, dass man mir anschließend wieder die Pfoten trocknen möchte. Da meckere ich nämlich immer ganz schön rum. Interessiert zwar niemanden, dass ich das überhaupt nicht leiden kann, aber man muss seinen Unmut ja nun irgendwie kundtun. Ich mache mich einfach ganz klein auf der Couch und gebe keinen Mucks von mir, vielleicht vergessen sie mich ja heute einfach …

Früher, als ich noch klein war, habe ich bei solch einem Shiba unwürdigen Wetter immer versucht, das Pipi gaaaanz lange aufzuhalten. Ich habe dann so lange es geht ganz ruhig auf der Couch gelegen und mich nicht bewegt. Das ging eine Zeit lang ganz gut. Irgendwann musste ich aber dann doch mal aufstehen und ein bisschen winselnd durch die Gegend laufen. Frauchen kam dann und hat mir die Tür nochmals geöffnet. Ich gebe zu, ich habe versucht mich zu überwinden, aber es ging einfach nicht. Ich kann dieses ekelhafte Gefühl von Regen in meinem Gesicht nicht ertragen.

Leider ist es dann das eine oder andere Mal „schiefgegangen". Denn spätestens, wenn Frauchen das Morgenmahl zubereitet, geht die Vorfreude mit mir durch – und schwupps, war es passiert. Ich hatte eine größere Pfütze in der Küche hinterlassen. Frauchen war überhaupt nicht begeistert und hat mächtig geschimpft. Ich weiß ja auch, dass ich das nicht darf, aber die hat auch gut reden. Die zieht sich einfach was über, sodass die den Regen gar nicht bemerkt. Sie ist sofort wieder trocken und ich stehe da mit meinem feuchten Pelz!

Meiner Meinung nach sollten Hunde solch edler Rasse wie meiner einer bei solchem Wetter einen überdachten Rasenplatz zur Verfügung gestellt bekommen. Damit wäre zumindest gewährleistet, dass mein Fell trocken bleibt und mir somit das lästige Füße-Abputzen erspart bliebe.

Ganz anders sieht das aus, wenn wir zufällig bei einem Spaziergang an einem See vorbeikommen. An das erste Mal erinnere ich mich noch ganz genau. Ich bin ganz vorsichtig in das Wasser gegangen und habe nacheinander meine Beine angehoben, um sicherzugehen, dass meine Pfoten noch da sind, auch wenn ich sie nicht sehen kann. Als ich mich vergewissert hatte, dass alles da bleibt, wo es hingehört, gab es für mich kein Halten mehr. Ich bin wie eine Rakete, quietschend und kläffend, immer wieder aus dem Wasser rausgerannt, hab mich umgedreht und bin direkt wieder rein in das kühle Nass. Frauchen nennt das die wilden „Shiba-5-Minuten". Ständig versuche ich die Wellen zu fangen, wenn sie auf mich zukommen. Irgendwie habe ich da noch nicht die richtige Technik raus. Aber das bekomme ich schon noch hin!!

Und dann: Stöcke, überall Stöcke. Ich kann mich überhaupt nicht entscheiden, welchen ich zuerst aus dem Wasser fischen soll. Am wichtigsten ist eigentlich auch nur, dass ich die Stöcke vor Mitbewohner Sir Henry rette. Ich bringe die Stöcke zu Frauchen, damit sie uns die wieder in den See reinschleudert. Das Einzige, was meine Faszination für Stöcke überbietet, sind … Enten! Wenn ich eine erblicke, vergesse ich auch für

einen kurzen Moment die Stöcke, Sir Henry, mein Frauchen, die Leckerlis und alles andere um mich herum.

Sollte Henry, natürlich aus purem Glück, auch mal einen Stock erwischt haben, spielen wir Stockziehen. Er an einem und ich an dem anderen Ende. Wer zuerst loslässt hat verloren. Blöd ist nur, dass dieser kleine Dackel verdammt hartnäckig sein kann. Ich sag mir dann immer: „Die Klügere gibt nach" und das bin ohne jeden Zweifel nun mal ich. Dann suche ich mir halt einen anderen Stock.

Die Zeit am Wasser geht immer viel zu schnell vorbei und ich quengle erst mal ganz schön herum, wenn Frauchen mich überreden will weiterzulaufen. Frauchen behauptet ja immer, das Wasser im See wäre dasselbe wie der Regen. Also wenn ihr mich fragt, kann das gar nicht sein. Frauchen glaubt auch alles!

Gassi bei Regen? Nein, Danke!

Von Gabriele Horn

„Es gibt nicht das falsche Wetter – sondern nur die falsche Kleidung", sagt mein Mensch. Was für ein Blödsinn! Bei Schnee gebe ich ihm ja recht, denn im Winter habe ich mein Winterkleid angezogen – aber Gassi bei Regen? Niemals! Da schickt man doch keinen Hund vor die Tür. Naja, vielleicht andere Rassevertreter, die auf Feuchtigkeit von oben stehen, aber doch keinen stolzen Shiba-Rüden.

Jetzt ist es nur leider so, dass mein Mensch da schmerzfrei ist. Die geht echt bei jedem Sauwetter vor die Tür. Ich habe es wirklich mit allen Methoden versucht: Ohren zur Seite drehen, Augen zukneifen, Rute hängen lassen… Wisst ihr, was mein Mensch da zu mir sagt? „Jetzt sei kein Mädchen!" Ich glaube es hakt … Ich bin kein Mädchen – aber Regen ist schlecht für meinen Teint. Ich brauche keine Dusche, ich bin sauber genug.

Ich habe auch schon versucht, gleich nach dem Rausgehen meine Blase komplett zu entleeren und auf das Markieren zu verzichten – in der Hoffnung, wir könnten dann sofort wieder reingehen. Pustekuchen! Auch das Festkrallen auf dem Sofa und Ignorieren von Frauchens Rufen hat mir nichts genützt. Sie will raus! Ich bin halt kein Regenhund. Aber die Menschen sind so was von ignorant …

Eine Methode hat jedoch etwas gebracht – nicht viel, aber einen Teilerfolg: Ich schleiche – ja genau, Schleichen ist das Zauberwort. Wenn ich mich förmlich hinterherziehen lasse, dann verliert mein Mensch schneller die Lust und dreht wieder um. Richtung nach Hause muss ich die „erschlichene" Zeit wieder aufholen und mache schneller.

Bevor ich es vergesse: Im Wohnungsflur sich zu schütteln ist keine gute Idee, um den Menschen das Regengassi zu vermiesen – dann kommen sie vor der Haustüre mit einem Handtuch zum Abtrocknen.

Es bleibt einem wirklich nichts erspart. Über diese Wesen kann man nur den Kopf schütteln!

Der Shiba – ein Jäger?
Wenn sich das Schätzchen selbstständig macht

Von Christiane Schober

Die von Interessenten wohl am häufigsten gestellte Frage lautet: Ist der Shiba ein Jäger? Na klar ist er das! Als Rasse mit der höchsten genetischen Verwandtschaft zum Wolf (im Fachjargon „wolflike") ist das ja wohl Ehrensache. Spaß beiseite: Wenn man bedenkt, wofür der Shiba früher noch genutzt wurde – nämlich zur Kleinwildjagd –, erübrigt sich diese Frage eigentlich. Selbstverständlich hört man von Shiba-Besitzern auch immer wieder, dass ihr persönlicher Rassevertreter wenige bis keine Jagd-Ambitionen zeigt. Wie bei allen anderen Rassen auch, sind gewünschte, angezüchtete Verhaltensweisen bei den einzelnen Individuen mehr oder weniger stark ausgeprägt. Im Laufe der Zeit wurde jedoch aus dem Jagdbegleithund immer mehr ein reiner Begleit- und Familienhund, bei dem der Jagdtrieb in seiner ursprünglichen Intensität nicht mehr gewünscht war. So wurde in den letzten Jahren deutlich mehr darauf geachtet, Shibas mit wenig Jagdtrieb zu verpaaren. Eines sollte man aber immer bedenken: Triebe sind selbst durch selektive Zucht niemals komplett auszumerzen.

Die Realität sieht meistens so aus: Mit großer Leidenschaft werden kleine Tiere wie Mäuse, Grashüpfer, Frösche oder Kröten aufgespürt, Mäuse auch gern mal gefressen. Viel Spaß bereitet auch das Fliegenfangen. Spinnen größerer Art, also diejenigen, die viele Frauen ungern im Haus haben, scheinen jedoch nicht wirklich schmackhaft zu sein. Hier reicht es dem gemeinen Shiba, sie mit einem angewiderten Gesichtsausdruck platt zu treten, damit Herrchen oder Frauchen die Sauerei anschließend wegräumen.

Hasen oder Vögel, die sich gut aufstöbern lassen, findet der Shiba natürlich auch sehr interessant. Jedoch hatte ich bisher den Eindruck, als könne der erwachsene Rassevertreter seine Erfolgschancen ganz gut einschätzen. Oft verfolgt er Beute mit geringer Fang-Aussicht wenig ausdauernd. Denn wenn sich die Jagd nicht lohnt, spart sich der intelligente Shiba seine Kräfte für andere Gelegenheiten. Aber Ausnahmen bestätigen auch hier bekanntlich die Regel!

Vergessen Sie bitte das gern angebotene sogenannte „Anti-Jagd-Training", nach dem der Hund angeblich nie wieder jagen wird. So etwas gibt es nicht! Natürlich kann man versuchen, unerwünschtes Jagdverhalten durch gezieltes Training „umzulenken". Das ist aber niemals eine Garantie dafür, dass der Hund nicht doch hinterherhetzt, wenn fünf Zentimeter vor ihm der Hase aus dem Gras springt.

Da der Shiba von Laien auch gern als „Fuchs" bezeichnet (oder damit verwechselt) wird, hat man als dessen Besitzer beim Waldspaziergang sowieso keine große Lust auf „Verwechslungen" durch den Jäger. Vielleicht einer der Gründe dafür, dass ein Großteil der Shiba-Population meist angeleint durch die Wälder wandert. Manchmal ist das einfach ein Selbstschutz.

Ich bin dann mal weg …

Von Karen Lemkemeyer

… aber nur ganz kurz. Nur mal eben schauen, wie schön der Wald in Bayern ist.

Am Anfang war ich nicht weg, da waren wir gemeinsam unterwegs. Wir, das sind zwei meiner Menschen, ich nenne sie mal Herrchen und Frauchen, Luzi, mein Hundekumpel, und ich, Jumiko vom Hochlartal. Manchmal werde ich auch Jumi, Miko, Mäuschen oder Mistkröte genannt.

In diesem Wald in Bayern ist es schon ziemlich spannend. Felsen, Moosteppiche, Farnwälder, ein Wasserfall – und es duftet ganz wunderbar! Meine Menschen finden es dort wunderschön und ich soll mal wieder Fotomodell spielen. Das kenne ich schon. Ich bin ja sooo ein schöner Shiba – meinen meine Menschen. Darum muss ich immer und überall Fotomodell spielen. Manchmal ist das nervig, aber in diesem duftenden Wald finde ich es äußerst spannend.

Damit die Fotos besonders natürlich wirken – das ist meinem Frauchen seeehr wichtig – darf ich auch mal kurz ohne Leine laufen. Jaaa, das ist ein freies Gefühl! Fast nackt – nur mit einem Halsband! Und schwupps, genau in diesem Moment huscht ein Felldings durch das Unterholz.

Luzi hat es schon bemerkt und rennt kläffend hinterher. Dass die immer so einen Krach machen muss, kann ich gar nicht verstehen. Ich jage lieber ganz leise. Pssst …. Aber egal, jetzt geht's hinter dem Fellpuscheldingens her.

Yippie – immer bergab! Durch Brombeergestrüpp, über Felsspalten, immer weiter bergab! Und das Allerbeste – wir sind nicht zu zweit, sondern zu dritt hinter dem Felldings her! Herrchen jagt mit! Das ist super, da muss ich mir nicht einmal den Rückweg merken – er kennt sich ja immer so gut aus!

Herrchen ist nur ein bisschen langsam, weil er ja zwei anstatt vier Beine hat. Da muss er schon ein bisschen darauf achten, nicht zu stürzen und den steilen Abhang hinunter zu kullern. Aber der bekommt das schon hin, ich bin zuversichtlich.

Weil Herrchen so langsam und so laut ist, schafft es das Felldingens, sich in einer Felsspalte zu verstecken. Da passe ich einfach nicht hinein, so ein Ärger! Ich renne jetzt hin und her und her und hin, vielleicht gibt es noch einen breiteren Weg in den Spalt, aber da ist nichts zu machen!

Langsam wird die Suche langweilig. Luzi ist schon lange nicht mehr dabei und auch Herrchen ist nicht der begabteste Jäger. Mit dem muss ich ein bisschen häufiger üben, das kommt ganz oben auf meine To-do-Liste. Jetzt muss ich nur dem Rufen und Pfeifen folgen. Herrchen ist wirklich leicht zu finden, bei dem Krach, den er veranstaltet.

Er ist zwar ein bisschen außer Atem, aber er will schon wieder mit mir spielen – er bricht einen Zweig von einem Busch und raschelt damit über den

Boden. Da kann ich nichts anderes tun, ich muss das Spiel spielen, auch wenn ich ein bisschen müde bin! Ich sprinte zu dem Zweig und schnappe ihn. Jaaa! Ich bin ein erfolgreicher Jagdhund!

Mit meiner Beute, Herrchen und Luzi im Schlepp geht es den steilen Rückweg hinauf. Auf Frauchen ist Verlass, die wartet immer noch an der Stelle, an der ich sie zurückgelassen habe. Sie ist gar nicht außer Atem!
Jetzt heiße ich übrigens Mistkröte!

Von Mäusen und Radfahrern

Von Christiane Schober

Ich, Ronin der Prächtige, auch gern mal „Buba" genannt, bin ein Mäusefetischist. Eigentlich bin ich ja kein wirklicher Jäger, da ich die meisten Beuteopfer sowieso nicht erwische. Entweder haben sie Flügel oder zu lange Beine und sind somit für mich unerreichbar – da schone ich meine Kräfte lieber für die relevanten Dinge im Leben. Frösche, Grashüpfer usw. schütze ich vor meinen Damen – notfalls unter Einsatz meiner Kauleiste. Aber Mäusen kann ich einfach nicht widerstehen.

Mein Frauchen ging an einem wunderschönen Sonntagnachmittag mit mir auf die große Blumenwiese in der Nähe unserer Heimathöhle. Und ich kann euch sagen: Mäusespuren, wohin die Nase reicht. Da meine Menschen nicht gut riechen können und durch ihr lapidares Gequatsche über das tolle Wetter abgelenkt waren, konnte ich meiner Leidenschaft frönen. Es dauerte nicht lange, da kam so ein Quietscheding direkt vor mir aus einem Loch im Boden. Zack – und schon habe ich es im Maul gehabt. Ich wollte die Maus nicht töten – nur festhalten. Als mein Frauchen den Mäuseschwanz aus meiner Schnauze hängen sah, wurde sie echt ungemütlich. Es kam das obligatorische „Ronin, aus – lass sofort die Maus los!"
„Warum?" dachte ich mir, ist doch lustig.

Gerade in diesem Moment kamen auf dem Radweg zwei ältere Herrschaften auf ihren Stahleseln des Weges. Hui, da musste ich mich gleich in Position bringen und meine Beute präsentieren. Mein Frauchen wurde immer hektischer. „Roniiiin Ausssss – lass jetzt diese Maus endlich los – sofort!"

„Ich denke ja gar nicht dran, hast du nicht gesehen? Da kommt Publikum!" Je näher die Herrschaften kamen, desto unlustiger wurde Frauchen. Als die Drahteselreiter auf unserer Höhe waren, hörte ich die Dame sagen: „Schau mal Schatz, was für ein toller Hund – der ist aber schön!"

Ja, schaut nur und ich habe auch eine Maus dabei. Langsam fing Frauchen an (ohne die Lippen zu bewegen) zu zischen: „Ronin aus, sonst kill ich dich, was sollen die Leute denken – oh, bist du peinlich."

Wer ist hier peinlich? Ich hörte die Dame, die immer langsamer fuhr, wieder sagen: „Guck mal, wie der schaut – als würde er lächeln." Frauchen noch wütender zischend: „Ronin, aus!"

Okay, bin ich doch ein braver Buba, dann spucke ich die Maus halt aus. Wisst ihr eigentlich, wie weit ich spucken kann? Seeehr weit …

Die Dame hat`s gesehen – supi! „Oh nein, Schatz, der hat gerade eine Maus ausgespuckt!!! Iiiihhhhhhh …" Manche Menschen sind wirklich humorlos.

Übrigens hat die Maus überlebt und erfreute sich bester Gesundheit – etwas nass, aber gesund. Wer ist peinlich? Die Menschen!

Die weltschönste Nase

Von Susanna und Oliver Arndt-Schmitz

Es ist allgemein bekannt, dass ich die schönste und schwärzeste Nase der Welt besitze. Unumstritten ist ebenfalls, dass ich einfach die elegantesten Barthaare habe. Im Ganzen kann man sagen, dass es nichts Anmutigeres gibt als mich.

Auf meinen morgendlichen Inspektionsrunden durch mein Reich, ums Haus und über die Wiese, entdeckte ich eines Tages einen sonderbaren Haufen im Gras. Der Haufen bewegte sich und machte zischende Geräusche, die ich nicht kannte. Mein Instinkt sagte mir: Hier ist oberste Vorsicht geboten! Der durch meine Wachsamkeit entdeckte Feind musste verjagt oder vernichtet werden. Für solche gefährlichen Missionen bin ich, Mittsu-Me, prädestiniert. Meine Menschen-Familie ist da eher

ungeeignet, zumal sie keine schwarzen Nasen haben. Ich gab Alarm: Hört her, ich habe einen Eindringling mit unnatürlichem Geruch und Körperbau gefunden. Höchstwahrscheinlich ein Alien – ohne Beine.

Mein Herrchen öffnete die Haustür und entsandte Verstärkung. Höchste Zeit, denn der Feind beschleunigte bereits sein Wachstum. Der Rest meines Rudels kam zu Hilfe. Nach einem erfolgreichen Stellen des Fremdlings wagten sich auch meine Menschen aus dem Haus. Mein Herrchen trug, wie eigentlich immer, Schlappen an den aromatisch riechenden Füßen, mein Frauchen – mit wesentlich kleineren, aber nicht weniger interessant riechenden, im Sommer immer nackten Füßen – stand unentschlossen herum.

Schnell lief ich zu ihnen hinüber, um Lagebericht zu erstatten. Mein Herrchen hatte einen Stock bei sich. Für den Waffentransport ist er zuständig, das funktioniert mit einem Daumen einfach besser. Und für einen Menschen ist er ein recht schlaues Kerlchen. Ich lasse ihn in diesem Glauben, schließlich erlaubt er mir und meinem Rudel täglich lange Spaziergänge ohne Leine. Ich sah zu meinem Frauchen empor, die eifrig nickte: Ein Geheimzeichen und Freigabe zum Handeln.

Doch bei einem so gefährlichen Unterfangen war Vorsicht geboten. Ich wusste, ich kann mich auf meine Menschen verlassen, die für gewöhnlich mit scharfem Verstand und Gespür für das Wesentliche zur Sache gehen. Und natürlich mit Waffen!
Also ließ ich Herrchen den Vorrang – aber nur unter meiner strengen Beobachtung. Zielstrebig näherte er sich dem Außerirdischen, zog seine Handschuhe über und schleuderte den Feind mithilfe seines Stockes über den Zaun in den Wassergraben. Seine Niederlage anerkennend tauchte das Alien dort mit schlängelnden Bewegungen unter. Ganz schön mutig für einen Menschen ohne schwarze Nase!

Doch auch mir bleibt Genugtuung, denn ohne meine Nase – die bekanntlich schönste Nase der Welt – wäre der Feind unentdeckt geblieben und die Weltherrschaft des unbekannten Kriechobjekts konnte gerade noch verhindert werden!

Shiba und Tierarzt

Hier kommt die Wahrheit

Von Christiane Schober

Shiba und Tierarzt – ein sehr spezielles Thema – was man da so alles lesen kann! Abschreckende Geschichten von laut kreischenden Hunden, blutigen Tierarztdaumen, Empfindlichkeiten usw. sind keine Seltenheit. Doch die Frage, die sich viele stellen: Was bedeutet das in der Realität?

Unsere Shibas und deren Besitzer erzählen hier ihre Tierarztgeschichten und Tierärzte wiederum teilen mit uns ihre ganz persönliche Erfahrung mit dem Shiba als Patienten. Aber dazu gleich mehr.

Zum Glück ist der Shiba eine sehr robuste Rasse und deshalb in der Regel kein Dauergast beim Tierarzt. Jedoch können sich in einem Hundeleben Situationen ergeben, in denen ein umfangreicherer Besuch in der Praxis nicht mehr vermeidbar ist. Operationen, längere Behandlungs- oder Rehaphasen sind zwar nicht die Regel in einem Shiba-Leben, jedoch auch nicht ausgeschlossen.

Aus diesem Grund wird es in dieser Rubrik einen sehr interessanten Querschnitt von Erlebnissen geben, um diesen doch etwas negativen „Ruf" des Shibas beim Tierarzt in ein realistisches und faires Licht zu rücken.

Ob der Shiba nun wirklich so ein „spezieller" Hund beim Tierarzt ist oder vielleicht doch nicht, entscheiden Sie vielleicht nach dem Lesen am besten selbst.

Tierarztbesuch Ganbo

Patella-Luxation – ein Tabuthema oder wie ich (Ganbo) das erlebt habe

Von Tanja Naujokat

Hallo, ihr Lieben. Mein Name ist Ganbo und ich bin mittlerweile fast fünf Jahre alt. Ich sage euch, wenn ich das Wort Tierarzt schon höre oder nur den Geruch dieser Praxis in der Nase habe … da würde ich mein Frauchen am liebsten zum Mond schicken.

Als ich so etwa sechs Monate alt war, beobachtete mein Frauchen beim Gassigehen immer wieder meine Hinterläufe. Hätte sie es unauffällig gemacht, hätte ich es vielleicht gar nicht bemerkt, aber dieses Angestarre – das ist ehrlich nicht angenehm, vor allem wenn man nicht weiß warum. Bei jeder Gelegenheit war mein „Laufbild" ein Thema.
Sie grübelte, was wohl mit mir los sein könnte. Ständig schaute sie prüfend und fragte auch bei Freunden immer wieder nach, ob denen vielleicht auch etwas aufgefallen sei. Doch dann bei einer Gassirunde tat mir plötzlich das rechte Knie richtig weh. Mein Lieblingsfrauchen war total erschrocken – genau wie ich, als ich kurz aufschrie … ich sage euch, das hat vielleicht wehgetan.

Doch nach ein paar Schritten war plötzlich wieder alles okay und so schnell, wie es gekommen war, ist es auch wieder verschwunden. Ich dachte schon, mein Frauchen hätte diesen Vorfall genauso schnell vergessen wie ich, aber nichts da. Ich hörte, wie sie bei einem Gassigang sagte: „Achte doch bitte mal auf Ganbos rechtes Bein. Das sieht doch aus, als ob das Knie wie ein kaputtes Scharnier springt – oder?"
Naja, wenn ich ehrlich bin, hatte ich es ja auch schon bemerkt, dass da was nicht in Ordnung ist. Aber hey, ich bin ein

Shiba! Bevor ich hier herumjammere, da erfinde ich lieber eine Strategie, wie es mir besser gehen kann! Nur nützte mir diese Eigenschaft leider in diesem Fall gar nichts.

Am nächsten Tag fuhren wir dann zum Tierarzt. Dort angekommen war mir schon ganz mulmig. Ich hechelte ganz heftig und ich wollte da auf keinen Fall rein. Niemals! Also fing ich wie wild an zu bellen – und ich sage euch: Ich bin laut! Doch Reklamieren schützt vor Untersuchung nicht …

Frauchen erklärte der Tierärztin „mein Problem" mit dem Knie. Dann sind wir (zum Glück) wieder rausgegangen und haben komische Laufspiele gemacht. Die fand ich sogar lustig, aber nur solange wir uns dadurch von der Praxis entfernten. Zurückgehen wurde erneut diskutiert! Ohne diese bescheuerte Leine wäre ich so was von weg gewesen. Aber nun ergab ich mich eben meinem Schicksal. Ich bin ja ein braver Shiba und mache deswegen kein Fass auf.

Im Behandlungszimmer zurück wurden dann noch meine Knie untersucht. Während dieser ganzen Untersuchung hörte ich oft das Wort Patella-Luxation. Was auch immer das bedeuten soll – rechtes Knie Grad 3 bis 4 und links Grad 1.
Hey Leute – von was redet ihr denn da? Dann kamen Wörter wie Operation und alternative Methoden oder Physiotherapie. Bei mir im Kopf war nur noch Chaos – keine Ahnung was die wollen. Da mein Frauchen – wie sie das nennt – auf Nummer sicher gehen wollte, folgten zusätzliche Untersuchungen bei einem weiteren Orthopäden.

Dieser Besuch war noch mal anders. Hier wurden zwar auch wieder meine beiden Knie untersucht, aber diesmal wurde ich zusätzlich noch geröntgt und ein Ultraschall gemacht. Resultat – die gleiche Diagnose wie beim ersten Arzt!

Da mein Frauchen und Herrchen beide dabei waren, hatte ich langsam das Gefühl, dass es etwas Ernstes sein musste. Mein Frauchen informierte sich nun, wie man mir helfen könnte.

Es hieß, die sinnvollste Therapie wäre eine Operation, da ich noch sehr jung sei. Der Doc meinte: „Die OP ist nicht das Problem, sondern die Zeit danach." Wenn sich mein Frauchen genau an seine Anweisungen halten würde, dann könnte ich fast wieder wie ein gesunder Hund laufen, toben und klettern. Klingt doch top, oder?

Die Heilungschancen stehen für so junge Hunde sehr gut. Doch die OP könne man erst durchführen, wenn ich ein Jahr alt bin. Bis dahin sollte ich möglichst nicht springen und keine abrupten Bewegungen machen. Wie kann man nur auf solch uncoole Ideen kommen? Hallooo, hat der den Schuss nicht gehört? Ich bin ein Shiba, ich bin jung und ich will spielen, rennen und toben. Dazu gehört eben auch mal etwas Springen und auf Baumstämme im Wald klettern und Löcher graben … Das kann meinem Knie doch nicht schaden?!

Nach langem Hin und Her entschied sich mein Frauchen dann für diese Operation. Was das für uns bedeutete, ahnte ich bis dahin noch nicht – ich bin ja auch gefälligst ein Shiba

und muss mir um solche Angelegenheiten keine Gedanken machen. Und dann war es so weit. Frauchen fuhr mit ihrer Freundin und mir zu Praxisklinik. Dort angekommen, sprach der Tierarzt kurz mit mir und ich bemerkte einen Piks. Mein Frauchen hielt mich noch in ihrem Arm, dann wurde alles dunkel. Ich glaube die Menschen nennen das Schlafen.

Als ich wieder wach wurde, sah ich als Erstes mein Frauchen. Ich hatte so ein komisches Ding um meinen Hals und konnte mein rechtes Hinterbein kaum bewegen. Es folgten zwei verrückte Wochen, in denen ich nur zur Wiese getragen wurde, um mein Geschäft zu erledigen. Ganz schön peinlich, als stolzer Rüde so „bemuttert" zu werden – hoffentlich sehen das die Nachbarhunde nicht. Laufen durfte ich schließlich nicht. Naja, nach vielem Laufen war mir da auch noch nicht wirklich zumute. Zu Hause war ich ständig hinter einem

Welpengitter. Das war echt ätzend, weil superlangweilig. Mein Frauchen setzte sich oft zu mir und spielte ausgiebig mit mir. Doch nach einiger Zeit war auch das bald öde. Ich durfte nicht mal im Haus rumlaufen, sondern nur in diesem kleinen Gitter. Dann wurden endlich die Fäden gezogen. Der Arzt wies mein Frauchen nochmal darauf hin, dass es jetzt ganz wichtig sei, konsequent auf Schonung zu achten, da ich mit jeder Woche wieder agiler werden würde. Und so war es dann auch.

Nach acht Wochen wollte ich schon wieder richtig toben, doch mein Bewegungsdrang wurde noch für weitere acht Wochen eingeschränkt. Ich durfte zwar in den Garten, aber immer mit Begrenzung. Mein Frauchen hat mir diese Zeit viel erträglicher gemacht, obwohl ich sie manchmal wirklich sehr stur fand. Ich konnte sie überhaupt nicht um den Finger wickeln wie sonst.

Schlimm waren die Gassigänge. Nie ausgiebig laufen und keine Treffen mit anderen Hundekumpeln! Und wenn wir doch einen trafen, dann durfte ich nicht mit ihm spielen. Mein Frauchen sagte dann immer: „Sorry, aber er darf noch nicht so toben." Dafür spielte sie viel mit mir und versteckte mir zum Beispiel das Futter. Sie versuchte, so gut es ging, mich in meinem Übermut zu bremsen.

So blöd diese Zeit auch für mich war – heute kann ich aber sagen, dass ich meinem Lieblingsmenschen echt dankbar bin. Diese Zeit hat mich und mein Frauchen zusammenwachsen lassen. Ich weiche ihr nur ungern von der Seite – kann wieder laufen, springen, klettern und toben. Agility geht auch, aber ohne den Springteil und nicht so viele abrupte Bewegungen. Ansonsten darf ich fast alles wieder machen – so wie ein gesunder Hund eben auch.

Wie nun mein derzeitiges Verhältnis zu Tierärzten ist? Sagen wir es mal so: Diese Weißkittel und ich werden nie beste

Freunde, aber seit knapp zwei Jahren macht es mir weniger aus und ich habe weniger Stress, dank der Geduld meines Frauchens. Die Tierärztin ist eigentlich ganz okay und hat sich mein Vertrauen echt verdient. Sie hat immer ganz tolle Leckerchen für mich. Mein Frauchen nennt dies Bestechung. Aber hey, für mich ist das super, denn nach dem Tierarztbesuch gibt es nicht nur was Leckeres zu beißen, es geht dann noch zur Hundewiese, wo ich richtig rumtollen und Spaß haben kann.

Man sieht sich – euer Ganbo

Fazit von Ganbos Frauchen Tanja über diese Zeit:
Dazu kann ich nur sagen, dass diese Zeit manchmal extrem belastend und ganz sicher nicht einfach war. Einen jungen Hund in seinem natürlichen Bewegungsdrang einzuschränken bedeutet viel Geduld und Konsequenz. Auch die bösen Worte und das Unverständnis jener, die es verantwortungslos fanden, dass ich meinen Hund habe operieren lassen, waren oft schwer zu ertragen. Immer wieder gab es Gegenwind. Er könnte Arthrose bekommen, wenn er operiert wird. Ehrlich, ich glaube, die hätte er mit Sicherheit jetzt, wenn er nicht operiert worden wäre.

Aus meiner heutigen Sicht kann ich noch anmerken, der Tierarzt hatte recht: Die Patella-Operation ist ein relativ kleiner Eingriff, den die Tierärzte oft vornehmen. Ich glaube auch, dass die Spezialisten Recht behalten, wenn sie sagen, dass damit noch nicht alles getan ist. Die eigentliche Arbeit haben im Anschluss die Besitzer. Konsequent auf den bewegungsaktiven Hund zu achten und nicht zu vergessen, dass es Dinge gibt, die er einfach nicht machen sollte, obwohl er so „gesund" erscheint – das ist besonders schwer.

Diese ganze Episode dauerte sechs Monate. Aber es hat sich gelohnt. Ganbo kann wieder normal laufen. Und nein, ganz weg ist die Patella-Luxation nicht. Rechts hat Ganbo noch

Grad 1 – aber das ist halb so wild im Vergleich zu vorher. Mein Tipp an alle Betroffenen: Lasst euch nicht von dieser Diagnose erschrecken! Entscheidet nach eurem Gefühl und Verstand. Ich werbe nicht für eine Operation. Für meinen Hund war es das Beste und der Erfolg bestätigt es mir. Ich würde immer wieder so handeln.

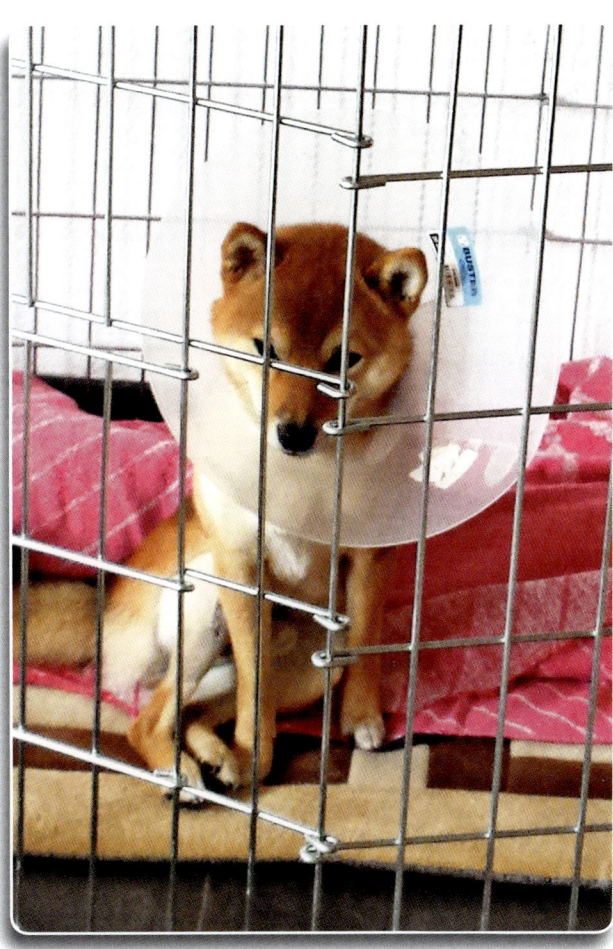

Tierarzt – ein notwendiges Übel

Von Silvia Bühringer

Hallo, hier ist noch mal Kuma. Heute möchte ich euch von meinen Erlebnissen und Eindrücken mit der Tierärztin erzählen. Also, sie heißt Colette und wohnt direkt gegenüber meiner Wohnungshöhle und kommt mich in meinem Bau besuchen. Das finde ich sehr angenehm, weil dann erst mal kein Stress wegen einer fremden Umgebung und den komischen Gerüchen aufkommt. Außerdem freue ich mich immer, wenn ich sie bei der Gassirunde treffe.

Als ich noch klein war und sie zum Impfen kam, hatte ich überhaupt keine Angst und war total entspannt. Sie hat ja auch immer so supergute Leckerlis dabei, die in einem Beutel außen an ihrem Rucksack hängen. Da gibt's dann immer eine kräftige Portion nach dem Befummeln, Rumdrücken, Abhören und Piksen. Nur beim Zähne-Anschauen kann sie mich nicht wirklich bestechen; das mag ich überhaupt nicht, wenn jemand anderes mein Maul anfasst. Da hilft dann mein Frauchen und Colette kann schließlich auch meine Zähne bewundern. Inzwischen bin ich schon fast erwachsen und mein Verhältnis hat sich ein wenig geändert. Besonders weil

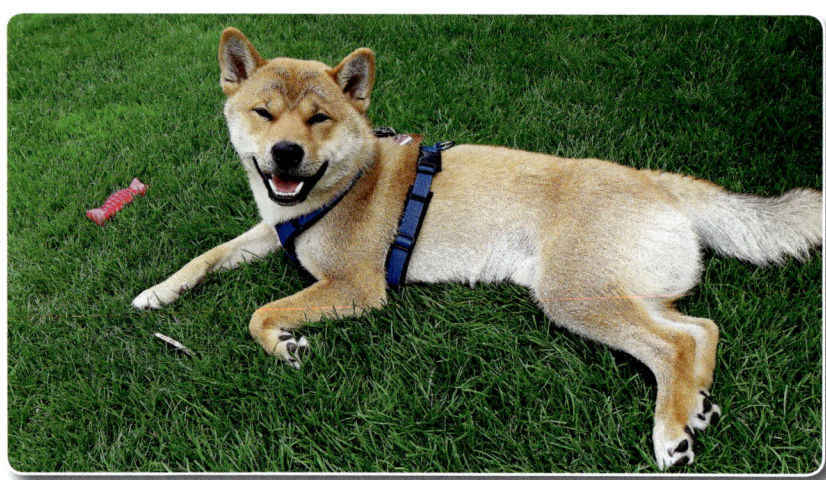

jetzt meine kleine Schwester bei uns wohnt. Als die geimpft wurde, habe ich einen kleineren Aufstand gemacht und versucht Colette zu vertreiben. Das hat aber gar nix geholfen und war auch überhaupt nicht notwendig. Meine Schwester wurde trotzdem untersucht und sie hatte gar kein Problem damit.

Vor Kurzem hatten wir wieder Besuch von der Tierärztin – ich sollte einen Hormonchip von ihr bekommen. Bevor sie mir die Megaspritze zwischen die Schulterblätter stechen wollte, wurde ich natürlich wieder befummelt – diesmal an meiner Männlichkeit. Das war gar nicht so schlimm, wie ich gedacht hatte, und ich hab mich auch ganz ruhig gehalten. Da Colette festgestellt hat, dass meine Hoden etwas ungleichmäßig groß sind, sollten wir in die Tierklinik zur Abklärung, ob alles in Ordnung ist. Also musste ich mit meinem Fraule dann doch in ein so komisches Gebäude fahren – man nennt es Tierarztpraxis. Dort waren schon viele andere Hunde, die teilweise ganz schön unfreundlich waren und gebellt haben. Das konnte ich gar nicht verstehen, weil dort trotz des komischen Geruches ganz viele nette Menschen waren, die mich freundlich begrüßten und streichelten. Bis wir ins Behandlungszimmer konnten, hat mein Fraule einen Kaffee getrunken und ich hab's mir auf dem Boden gemütlich gemacht. Wir mussten nicht lange warten, dann ging's schon los und ich wurde auf einen total rutschigen, hohen Tisch gehoben. Da wurde dann gleich wieder rumgefummelt und auch noch Fieber gemessen. Aber ich bin ja schon ein großer und tapferer Junge, sodass mir das gar nichts ausgemacht hat. Selbst als die mir so ein glitschiges Gel auf meine Hoden geschmiert haben und mit einem Gerät darauf herumgefahren sind, war ich tiefenentspannt und habe völlig ruhig gestanden.

Nachdem sich herausgestellt hat, dass ich kerngesund bin, konnte der Chip gesetzt werden. Das war dann allerdings schon sehr unangenehm, weil die Nadel so groß ist und tief reingestochen wird. Die nette Tierärztin wusste das schon und hat deshalb ein sehr liebes Mädel gebeten mich festzuhalten. Das hat mir nicht wirklich gefallen und ich habe mich deshalb auch versucht zu wehren, ohne Erfolg – war ja klar. Bis ich mich versah, war schon alles passiert und ich musste nur einmal laut

aufheulen. Als Wiedergutmachung für meine Schmerzen habe ich dann ganz feine Hundekekse bekommen. Die Tierärztin war sehr mit mir zufrieden und wir konnten alle erleichtert und freudig das Behandlungszimmer und die Tierklinik verlassen.
Auch wenn's halb so schlimm war, oft brauch' ich das nicht. Überhaupt ist Tierarzt jetzt nicht wirklich meine Leidenschaft. Deshalb muss ich neuerdings auch immer bellen, wenn wir Colette auf der Straße treffen. Schließlich muss ich meine kleine Schwester vor künftigen Belästigungen beschützen, weil die noch ziemlich naiv und unerfahren im Umgang mit Tierärzten ist.
Meine Menschenmama hat gesagt, dass in ein paar Wochen die Tollwutimpfung für meine Schwester fällig ist und dann kommt die Tierärztin wieder in unseren Bau. Da muss ich höllisch aufpassen, dass auch wirklich nur geimpft wird und hinterher eine kräftige Belohnung für uns beide herausspringt. Die Impfung ist echt wichtig, weil wir dann alle zusammen ins Ausland, besonders nach Österreich in die Berge, fahren können. Da hier die Vorteile ganz klar auf der Pfote liegen, werde ich Colettes Besuch dulden.

Ein Shiba beim Tierarzt – Heldentum ist anders

Von Katrin Pollems-Braunfels

Das sieht gut aus. Endlich werde ich zu Halsband und Leine gerufen, endlich geht es raus. Was mein Frauchen immer so lange nach der Nachtruhe macht, in diesem nassen Raum, in der sonst duftenden Küche, aber morgens duftet da nichts für mich – das verstehe ich nicht wirklich. Ich weiß nur, dass es für einen Hund zu lange dauert, vom Klingeln des Weckers, bis sich endlich die Wohnungstüre auftut.

Oh, wir nehmen das Fahrrad mit – also eine längere Strecke – wie schön! Frohgemut laufe ich mit, zuerst auf altbekannten, täglich genutzten Wegen, dann entlang der Isar, in einer Grünanlage mit vielem Hundebesuch. Da muss ich natürlich oft schnüffeln, viel das Bein heben und mich überall vergewissern, dass auch alle mitbekommen, dass ich hier war.

Komisch, mein Frauchen scheint damit nicht zufrieden, sie ruft mich viel öfter als sonst, schaut auf die Uhr. Soll ich noch gründlicher sein? Intensiver meiner Pflicht nachgehen, wie sie jeder Rüde in seinem Revier hat? Versteht sie denn nicht, worum es hier geht?

Ach, jetzt werde ich auch noch angeleint – wie lästig! Wir biegen um eine Hausecke, und – alles in mir strebt zurück! Nein, hier will ich nicht hin! Ganz und gar nicht! Ich stemme alle Viere gegen den Boden, werde aber gnadenlos weitergezogen.

Oh, dieses Frauchen, versteht sie wieder nichts? Müssen wir durch diese Tür gehen? Hier riecht es gar nicht gut, nein, nein, nein! Das ist kein guter Ort. Gut, auf die Waage kann ich ja schnell gehen, damit auch amtlich wird, was für ein sportlicher, durchtrainierter Kerl ich bin, ohne überflüssiges Fett. Da passe ich schon auf. Ich esse nur, was ich für richtig halte. Keinen Müll! Nichts, was rumliegt, kaum Fertigfutter, Dosen, Trockenfutter nur im äußersten Notfall, sonst nur vom Frauchen Selbstgekochtes.

Jetzt könnten wir doch heimgehen. Da, die Tür geht auf, es kommt noch ein unglücklicher Hund herein, durch den Türspalt könnte ich doch verschwinden.
Nichts zu machen, Frauchen setzt sich, ich hänge an der Leine fest. Sie streichelt mich, sodass mich alle sehen können. Dabei versuche ich doch gerade, mich unter ihrem Stuhl zu verstecken, quasi unsichtbar zu machen. Sie versteht mich wieder nicht!

Und nun werden wir aufgerufen! Ich muss mit und erinnere mich wieder an diesen Raum, der so komisch nach Desinfektionsmitteln riecht. Der Angst und Krankheit ausstrahlt. Hey, Leute, ich bin kerngesund! Keine Chance! Ich muss auf den Metalltisch, werde von einer fremden Frau festgehalten – oh, und das mir! Und von einer anderen Frau angefasst. Sie will alles wissen: Guckt in meine Ohren! Was für eine Unverschämtheit! Tastet meinen Bauch ab – oh, da vermiese ich ihr den Spaß, indem ich mich völlig verkrampfe. Meine Augen, mein Gebiss, alles wird angefasst. Ich hasse anfassen!

Wartet nur, wenn ich mal nicht mehr so zittere, dann knurre ich ganz schreckerregend. Ich könnte auch beißen! Doch irgendwie geht gar nichts. Fast klappern meine Zähne aufeinander, so hat mich die Angst gepackt. Ich muss mich enorm zusammennehmen, doch das Zittern kann ich nicht einstellen.

Soll ich schreien? Ganz laut? Wie das eine Mal, als sie mich in diesen Räumen auf den Rücken legten und mit kalten Geräten auf meinem Bauch herumfuhren? Um mich mit Ultraschall zu untersuchen, nur weil ich keine Lust hatte zu fressen? Wie sollte ich auch fressen, wo meine Freundin Julie mir ständig im Kopf herumspukte. Sie roch in diesen Wochen so unwiderstehlich gut. Ich konnte an nichts anderes denken, hatte wirklich keinen Hunger.

Und jetzt? Was machen die mit mir? Die fremde Frau nimmt eine Hautfalte zwischen die Finger, macht eine böse Bemerkung, dass ich viel zu angespannt sei …

Da, endlich darf ich wieder runter vom Tisch. Jetzt pikst es an der Seite, aua, aua! Was ist da passiert? Ich habe es wohl nicht mitbekommen. Ich war zu sehr damit beschäftigt, mich zusammenzunehmen und nicht zu schreien! Obwohl ich neulich dabeistand, wie mein Frauchen und ein anderes Shiba-Frauchen sich unterhielten. Dass es ganz fürchterlich gewesen sei. Dass der andere so geweint, geschrien und gejault hat, beim „Impfen". Ist es das, was gerade mit mir passierte? Deshalb spüre ich den Piks an der Seite?
Kalt ist es da auch, aber mit der Zunge kann ich es nicht wegschlecken. Ich muss mich hinlegen, alles weglecken, aber es hilft wenig. Jetzt scheint allerdings die Gefahr vorüber zu sein. Meine Ringelrute richtet sich wieder auf – sie weiß meist, wie es mir geht.

Die Menschen unterhalten sich am Schreibtisch, mein Impfpass ist auch im Spiel. Es hört sich nach Verabschieden an. Endlich, endlich geht es raus!

Aber von diesen Frauen nehme ich kein Leckerli! Die würdige ich keines Blickes, sie haben mich erniedrigt, mich zittern gesehen. Auch mein Frauchen kann sich auf was gefasst machen, diese Verräterin. Dass sie mir, Akuma San, einem stolzen Shiba, im besten Alter von vier Jahren, das angetan hat! Dass sie mich hierhergebracht hat, mich nicht beschützt hat vor den fremden Händen, sondern sogar festgehalten hat. Nein, das verzeihe ich ihr nie, nie, nie … mindestens zwei Tage lang nicht!

Der Shiba als Patient

Von Dr. vet. Gabriele Meißen,
Prakt. Tierärztin im LK Erding

Seit Anfang der 2000er-Jahre sind Shibas immer wieder Patienten in meiner Praxis. Dieser Rasse wird, ein bisschen zu Unrecht, eine sehr niedrige Kooperationsbereitschaft und hohe Empfindlichkeit nachgesagt.

Die Realität zeigt, dass der Shiba ein oft eigenwilliger Patient sein kann, jedoch gut zu Händeln, wenn er seinem Besitzer vertraut und einen gewissen „Grundanstand" gelernt hat. Von unnötigem Fixieren des Shibas während der Behandlung rate ich dringend ab. Ich persönlich bespreche mit den Besitzern vor Behandlungsbeginn, wie sich der individuelle Hund am wohlsten fühlt, denn ein entspanntes Praxisklima ist für den Shiba aus meiner Erfahrung sehr wichtig.

Auf Impfungen können manche Shibas empfindlich reagieren. Hier kann ich empfehlen, die Grundimmunisierung zeitlich so zu legen, dass nicht alle Impfstoffe an demselben Termin gegeben werden.

Grundsätzlich ist diese Rasse von robuster Gesundheit, sodass schwerwiegende Behandlungen in meiner Praxis zum Glück noch nicht nötig waren.

Von Dr. vet. med. Henning v. Lützow,
Tierärztliche Praxisgemeinschaft Allershausen

Behandlung – unmöglich! Wie eine Horde Vandalen stürmten eines Tages zwei Shibas meine Praxis. Innerhalb kürzester Zeit hatten sie jeden Winkel erkundet. In meinem Kopf spielten die Gedanken Pingpong: „Wie soll ich diese Wildlinge denn untersuchen? Oder geschweige denn behandeln?"
Trotz der Aufregung behielten die zwei jungen Wilden aus dem Augenwinkel aber immer das Frauchen im Blick. Auf dem Behandlungstisch dann die Überraschung: Bei aller Unsicherheit, die jeder Vierbeiner hier erst mal ausstrahlt, waren sie dann doch sehr gefasst, beinahe darauf konzentriert, jetzt nur nichts verkehrt zu machen. Dazu benötigten sie allerdings den starken Rückhalt durch ein liebevoll konsequentes Frauchen, dass jedem Anflug unbegründeter Hysterie sofort entgegenwirkte.

Inzwischen kann ich sagen, dass Shibas, auch wenn sie in ungewohnten Situationen zunächst zappelig erscheinen, immer gut zu behandeln sind. Sie sind beim Tierarzt berechtigterweise etwas misstrauisch, fassen aber bei ruhigem Umgang schnell Vertrauen. Sie sind nie aggressiv oder bissig. Eigentlich sind sie sehr tapfer und lassen auch unangenehme oder kurzzeitig schmerzhafte Verrichtungen gut über sich ergehen – vorausgesetzt, Frauchen (oder Herrchen) ist da und beruhigt den Patienten. Nachtragend sind sie gar nicht, wollen aber nach der Behandlung auch nicht einfach mit Leckerli abgespeist werden. Dazu sind sie zu stolz.

Der Shiba ist ein Patient, bei dem mit „schnell, schnell" nichts zu erreichen ist. Zu viel Druck verstört ihn. Daher gehört er in die Hand eines routinierten Besitzers. Der Shiba ist aufgrund

seines Temperaments kein Hund für jedermann – oder gar für Kinder. Bei konsequenter und ruhiger Führung entwickelt der Shiba aber seine Stärken und zeigt Fähigkeiten, die man diesen eher kleinwüchsigen Hunden so nicht zugetraut hätte.

Ich freue mich immer, wenn ein Shiba zu mir kommt. Sie sind eine willkommene Abwechslung zu Retriever, Schäferhund, Rottweiler und Co.

Wenn die Regenbogenbrücke ruft
Geschichten zum Abschied

Von Christiane Schober

Der Tag, an dem das Leben für einen Moment still steht. Dieser Moment, der unabwendbar auf einen zukommen wird, wenn man sich seinen Shiba ins Leben holt. Das ist der Zeitpunkt, den man vor sich herschiebt, verdrängt und am liebsten nicht darüber spricht: Der Tag, wenn die Regenbogenbrücke ruft und man zum Abschied leise Lebwohl sagen muss.

Man hört und liest viel über das Leben mit dem Shiba – der Tod wird aber allein verarbeitet. Darüber spricht man nicht gern, denn es tut auch nach Jahren immer noch sehr weh. Dieses Thema ist tabu.

Diejenigen, die jemals gesagt oder gedacht haben „Ist doch nur ein Hund", die haben noch niemals einen besessen oder geliebt. Familienmitglied, Freund, Kind, Partner für viele Jahre – unsere Shibas verkörpern all dies in unserem Leben, irgendwie und irgendwann. Wenn sie gehen, hinterlassen sie eine große Lücke.

In unseren Erinnerungen und Geschichten leben sie weiter!

Kaiko

Von Marianne Kratzl

Wir hatten nur vier Wochen Zeit uns darauf einzustellen, dass wir unsere Shiba-Hündin Kaiko verlieren werden: Tumor im Lymphsystem, bösartiger, aggressiver Krebs. Aber wenn man sie so ansah, war diese Diagnose kaum zu glauben. Sie hatte genauso viel Spaß wie immer bei unseren Spaziergängen, sprang urplötzlich mit vollem Körpereinsatz in einen Graben, um eine Maus zu schnappen, freute sich auf ihr Futter und war lieb und aufmerksam wie sonst auch. Das lag zum großen Teil natürlich auch an der Gabe von Schmerzmitteln.

Und dann ergab sich alles so, wie von der Tierärztin angekündigt: Von einem Tag auf den anderen fraß sie nur noch eine kleine Portion Futter, schlief viel und wollte nur noch kurze Wege gehen. Am nächsten Tag verweigerte sie ihr Futter komplett, draußen erledigte sie nur kurz ihre Bedürfnisse und man merkte, es ging ihr nicht gut. Es war so weit, ich sollte den Tierarzt anrufen. Ich war innerlich zerrissen, wollte Kaiko aber auch nicht länger leiden lassen. Es brauchte drei Anläufe, um diesen Anruf zu tätigen, diesen kurzen Text auf den Anrufbeantworter zu sprechen, diese endgültigen Worte, dann das Warten auf den Rückruf mit Terminvergabe. Unser Haustierarzt kam gegen 18 Uhr zu uns nach Hause. Kaiko begrüßte ihn noch freudig, sie hatte nie ein Problem mit ihm. Kurze Untersuchung, Rücksprache mit uns: Es gab kein Entrinnen. Wir bemühten uns ruhig zu bleiben und gingen mit ihr auf die Terrasse, wo es an diesem 12. April noch angenehm warm war. Die letzten Sonnenstrahlen warfen ein mildes Licht auf das Geschehen. Kaiko ließ sich, vertrauensvoll wie immer, in meinem Arm ihre Einschlafspritze verabreichen. Dann die zweite Spritze und sie hatte es überstanden. Innerlich war mir so, als ob ich sie sehe, wie sie in den Sonnenuntergang hineinläuft, sich noch einmal kurz umsieht und mir zuspricht: Ist doch alles gut jetzt!

An diesem Abend redeten wir noch viel über unsere tolle Hündin: Wie sie auf Umwegen zu uns gekommen war, eine erwachsene Hündin von eineinhalb Jahren; wie lange es dauerte, bis sie uns bedingungslos vertraute; wie sie ab und an ihre „Alleingänge" durchführte und unsere Ängste davor; ihre Mäusejagden; wir lachten sehr viel. Nachts aber war an Schlaf nicht zu denken, alles war zu beengend. Also verbrachten wir die Zeit draußen auf dem Balkon: tief durchatmen, im Inneren dieses Bild vom Sonnenuntergang, aber auch eine tiefe Bereitschaft, diesen Hund wirklich gehen zu lassen. Dabei fiel mir die Geschichte vom Wolfsrudel ein, das seine Trauer laut und anhaltend in die Nacht heult. Und ehrlich: Ich fühlte genauso. Ebenso schlimm waren die Spaziergänge der nächsten Tage, obwohl ich andere Wege wählte als die, die ich mit Kaiko gegangen war. Ich weinte jedes Mal.

Bisher musste ich immer erst Abschied nehmen, wenn meine Tiere alt und gebrechlich waren. Man wusste lange vorher, dass dieser Tag irgendwann kommt. Aber dieser Abschied, wenn eine Hündin mit achteinhalb Jahren gehen muss, erfordert eine längere Trauerphase. Und doch: Das Leben geht weiter. Nur fünf Wochen später übernahm ich einen ängstlichen Shiba-Rüden, dessen Besitzerin verstorben war. Er sollte eigentlich unser Zweithund werden. Noch zu Lebzeiten der Besitzerin, der es das größte Anliegen war, dass ihr Hund in gute Hände kommt, hatten wir ihn gekauft. Wir waren davon ausgegangen, dass unsere lebensfrohe Hündin Kaiko ihn aus seiner Ängstlichkeit herausholt. So stand also eine neue Herausforderung an und es war und ist gut so, denn das hat bei der Trauerbewältigung geholfen!

Spaziergang unterm Regenbogen

Von Helmut Burger

Der Regen hat dem Land gutgetan – die Luft hat jenen erfrischenden Duft, der einen raus aus dem Haus treibt. Der Blick in die Ferne zeigt, dass es in wenigen Kilometern noch regnet, die Sonne erhellt unser von einem Regenbogen überspanntes Tal.

Regenbogen – da war doch was. Irgendwann einmal muss ein Mensch den „Weg zur Regenbogenbrücke" erfunden haben. Wird damals wohl zum eigenen Trost gewesen sein, denke ich, während ich die Leinen an den Halsbändern unserer beiden Shiba-Rüden befestige. Wieso dieser Euphemismus nur im Zusammenhang mit unseren Haustieren verwendet wird, und hier eben in erster Linie in Bezug auf unsere Hunde, erschließt sich mir nicht so recht. So, als ob diese einen eigenen Himmel hätten. Dies wäre allerdings traurig genug, so ganz ohne Hunde „da oben bei uns".

Ich wische diese Gedanken weg, als unser Dreigestirn das Grundstück verlässt. Schauen wir mal, was da heute so passiert in unserem Revier, einem Mischmasch aus unbefestigten Feld- und Wirtschaftswegen. Und natürlichen den Wiesen und Äckern, die davon durchschnitten werden.

Die Shiba-Rüden Riki und Maru geben Gas. Bis vor gar nicht langer Zeit hätte ich hier noch das Adjektiv „jung" vor die Namen gesetzt. Aber jetzt, mit einem Alter von zehn Jahren, verbietet sich das. Auch wenn die beiden von ihrem Habitus und ihrer Optik her absolut als junge Hunde durchgehen!

Los geht's, die beiden legen stürmisch los und die Freude an der Bewegung ist ansteckend. Die beiden unterscheiden sich so sehr, wie sich zwei schöne Rüden der gleichen Rasse unterscheiden können. Riki schwebt über die Straße wie ein Balletttänzer, bei Maru denkt man eher an einen Bauarbeiter. Das bezieht sich auch auf die Charaktere: Marus Souveränität musste immer Rikis Übermut ausgleichen, um des lieben Friedens willen.

Plötzlich ein Ruck in der Leine, ein kurzes Quieken – vor Riki liegt eine tote Spitzmaus. Ohne den Erfolg seiner kleinen Jagd weiter zu beachten, geht er weiter. Ganz offensichtlich aufgeputscht und in freudiger Erwartung eines eventuellen weiteren Jagderfolgs geht's noch eine Spur schneller voran. Es mag viele Spitzmäuse geben, aber in dem Moment denke ich schon: Was eine Verschwendung von Leben. Und kurz flammt in mir die Frage auf, ob es wohl auch Menschen gibt, die sich über die eventuelle Existenz eines Himmels für Spitzmäuse Gedanken machen.

Riki schaut mich an, als wolle er sagen: „Das kann nur ich!" Und der Blick in seine glänzenden Augen macht mir Freude. Shiba-Augen – schwarz glänzende Einfallstore in eine andere Welt. Was denkt er, wenn er mich anschaut? Oft genug habe ich den Eindruck einer Art Gönnerhaftigkeit bei unseren Shibas (insgesamt haben wir sechs davon): Ich gestatte dir, an meinem Leben teilzuhaben. Aber jetzt, in diesem Moment, vermittelt mir dieser Blick Stolz und Lebensfreude!

Wie schön, so ein vor Leben und Gesundheit strotzendes Tier. Wenn man so lange Hunde hat wie wir, dann hat man schon viele kommen und gehen gesehen und kennt die Sehnsucht, die man hat, wenn man ein alterndes Tier erlebt. Die Sehnsucht danach, dieses wieder einmal in der Blüte seines Lebens sehen zu dürfen. Schmerzlich wird mir bewusst, dass Riki und Maru vielleicht noch fünf oder sechs gute Jahre bleiben, keine wirklich lange Zeit. Regenbogen ...

Ich denke an die Shibas, die bereits von uns gegangen sind, alle wurden sie 15 bis fast 17 Jahre alt, lediglich der herzkranke Losan hat es mit seinen gut 13 Jahren nicht ganz so weit gebracht.

Das Knirschen von Reifen auf dem Feldweg reißt mich aus meinen Gedanken, mir kommt ein grauer Kleinwagen entgegen. Anstatt langsam weiter zu fahren, hält die Fahrerin an und öffnet das Fenster. Ob der ihrerseits vermuteten Originalität der nun folgenden Frage zeigt sich bereits ein stolzes Lächeln auf ihrem Gesicht: „Sind das Füchse oder kleine Huskys?" An guten Tagen freue ich mich über das Interesse an unseren Hunden und beginne eine ausgiebige Abhandlung über die Rasse „Shiba". An besinnlichen Tagen zeigt mein Gesichtsausdruck, dass ich diese Frage schon tausendmal gestellt bekommen habe und ich nicht gedenke, mit deren Beantwortung viel Zeit zu

verbringen. Heute kann ich mich nicht recht entscheiden und entschließe mich zu einer freundlichen Kurzinformation, in Umfang und Verständlichkeit nicht unähnlich einem Beipackzettel für ein Nasenspray. (Auch die Bemerkung „Achtung, macht abhängig" fehlt nicht.) Die Frau versteht und beginnt ihr Fenster zu schließen. Die billige Dauerwelle der Dame verleitet mich dann doch noch, ein „Es ist auf jeden Fall kein Hund für jedermann" hinterher zu schicken, ohne dies jedoch weiter zu begründen.

Ich weiß nichts von diesem Menschen. Vielleicht möchte ich einfach nicht, dass solche Frisuren mit Shibas durch die Gegend laufen. Die vermutete Arroganz ist also nicht auf die Rassevertreter beschränkt, sondern trifft auch auf manche der Halter zu, muss ich schmunzeln. Als ich vor gefühlten ein paar hundert Jahren (es war die Prä-Internet-Zeit) meinem ersten Shiba begegnete und sofort seiner ästhetischen Erscheinung und seinem selbstbewussten Auftreten verfiel, war mein Ansprechpartner ein skandinavischer Tourist. Dieser konnte damals seine mangelnden Sprachkenntnisse als Alibi für seine Unnahbarkeit anführen.

Maru und Riki haben sich zwischenzeitlich, ihrer kompletten Missachtung der Dame Ausdruck verleihend, mit dem Rücken zum Auto hingesetzt (ich glaube nicht, dass es an der Frisur lag) und gehen nun erleichtert mit leicht vorwurfsvollem Habitus weiter. Der Mensch hatte seine Kiste nicht verlassen, um sie zu bewundern und zu streicheln, nach vorheriger Erlaubnis selbstverständlich. Setzen, sechs.

Da ich heute keine Lust auf ein weiteres Gespräch habe, biege ich ab auf die Wiese, um etwas querfeldein zu gehen. Maru hebt begeistert sein Bein an den diversen Maulwurfshügeln. Riki interessiert das nicht, er sucht intensiv nach dem nächsten Kleinnager.
Mir fällt der weiße Schatten im Fell an Marus Ohrwurzeln auf. Sieht aus wie mit Mehl bestäubt. Einen Shiba, der zuerst an der Ohrwurzel weiß wird, hatten wir auch noch nicht, denke ich. Die Uhr tickt, das Fell wird grau, noch fünf Jahre ...

Die erste Aufregung über den Spaziergang ist vorbei. Rikis Anwesenheit hat sich offensichtlich herumgesprochen, denn es kreuzen keine Mäuse mehr unseren Weg. „Auch gut", denke ich. Sicherlich kann ich mich an der Erregung mitfreuen, aber wirklich schön finde ich diesen letzten, angst- und schmerzerfüllten Schrei der kleinen Lebewesen nicht.

Vielleicht sollte man den kleinen Pelzträgern erklären, dass es doch nur über die Regenbogenbrücke geht.

Ich hänge weiter meinen Gedanken nach: Das Altern unserer Shibas hat sich von demjenigen unserer vorherigen Hunde unterschieden. Wir hatten Bouvier des Flandres, Irische Wolfshunde, einen Chihuahua als Erbstück von der Mutter und auch Mischlinge, aber im Gegensatz zu diesen Hunden haben unsere Shibas im Alter nie nach mehr Nähe gesucht – irgendwie so, als wollten Sie den Eindruck verhindern, dass sich da etwas verändert. Oder eben aus Arroganz – auch dem Alter und dem nahenden Tod gegenüber.

Mit zunehmendem Alter (dem eigenen und dem der Shibas) fühlten wir uns aber immer mehr zu diesen hingezogen. Der süße Welpe ist ja nicht nur älter geworden, er ist ein lebender Akku, angefüllt mit Erlebnissen, die man zusammen über die Jahre angesammelt hat. Und je nachdem, wie man sich fühlt, zapft man diesen Erinnerungsspeicher dann an. Das können eine schwere Krankheit oder ein Sterbefall in der Familie sein, als der Shiba mit seiner souveränen Art Trost spendete. Oder natürlich glückliche Momente. Oder aber der neue Fernsehsessel, der sich in Fetzen aufgelöst hat, sei es aus Missfallen dem neuen Gegenstand gegenüber – oder weil man (pardon: Shiba) es kann.

Irgendwo in der Ferne höre ich eine hysterische Stimme irgendetwas rufen. Ich kenne den Tonfall. Der Blick zum naheliegenden Horizont (ich gehe auf einen Hügel zu) zeigt einen ausgelassenen frei laufenden Hund und einen Menschen, dessen Herumhüpfen eher aus dem erfolglosen Bemühen resultiert, seinen Hund zu sich zu rufen. Die beiden sind weit genug weg, um uns nicht zum Ärgernis zu werden, und ich denke nur kurz daran, wie Riki und Maru im zarten Alter von drei Monaten von einem solchen unerzogenen Freiläufer angegriffen worden sind – damals hatte ich zum ersten Mal die konkrete Angst, die beiden zu verlieren. Das ungleiche Pärchen verschwindet hinter dem Hügelkamm, weiter das Hohelied vom überforderten Hundebesitzer kreischend und kläffend.

Unser Spaziergang nähert sich dem Ende zu und ich frage mich, ob es wohl so etwas wie ein Resümee meiner Gedanken gibt. Nein, gibt es nicht. Shiba und Mensch, das sind zwei Welten, deren Schnittmenge aus einem kleinen Land besteht, in dem man sehr viel Schönes und Interessantes zusammen erlebt. Und das einem immer ein wenig den Eindruck vermittelt, nur ein Gast zu sein. Ein willkommener zwar, aber ohne unbegrenzt gültiges Visum. Das asymmetrische Verlangen von uns Menschen, uns in die eigentliche Welt des „Anderen" zu versetzen, war bislang aber ebenso wenig von Erfolg gekrönt wie die generelle Suche nach dem Sinn des Lebens. Ist aber ein schöner Zeitvertreib und ein unerschöpfliches Thema unter uns Shiba-Freunden …

Eins ist mir – wieder mal – klar geworden: Man muss sich mit der Zukunft beschäftigen, darf aber dadurch nicht die Freude an der Gegenwart verlieren. Das Glas ist nicht halb leer, sondern halb voll. Die Shibas und wir werden noch interessante und schöne Jahre zusammen erleben! Ich blicke auf die

beiden vor mir laufenden Rüden: Riki tänzelt, Maru stampft. Ich verspüre einen kleinen Stich im Herzen: Ich vermisse die beiden heute schon.

Der Regenbogen ist verschwunden und hat die zum Teil durchaus trüben Gedanken mitgenommen. Die Welt ist um ein paar melancholische Gedanken reicher und eine Spitzmaus ärmer und irgendwo in den Tiefen einer Wiese wundert sich ein Maulwurf über den Hunde-Urin auf seinem Kopf …

Shiba like!
Was unsere Shibas so besonders macht

Von Christiane Schober

Als Shiba-Besitzer wird man häufig gefragt, was man an dieser Rasse so faszinierend findet oder was den Shiba so besonders für einen macht. Ich bin der Meinung, dass diese Frage nicht in ein paar Sätzen beantwortet werden kann. Fragt man verschiedene Shiba-Liebhaber danach, wird man vielleicht ähnliche Antworten erhalten – aber jeder hat dann doch seine eigene Geschichte zu erzählen.

Sie werden von „Katzenfreundschaften" und „Geschäftsberichten" lesen oder aber auch von „Lebensrettern" und „Aristokraten". Klingt komisch? Ist aber so. Darum schweife ich nicht weiter ab, sondern wünsche Ihnen viel Spaß beim Lesen des letzten Kapitels dieses Buches.

Aber ich gebe Ihnen ein Versprechen: Wenn Sie alle Geschichten fertiggelesen haben, werden Sie wissen, was es bedeutet „einfach unwiderstehlich" zu sein!

Shadow und Faucherl – eine besondere Freundschaft

Von Evi Schaumeier

Es war an einem warmen Sommertag dieses Jahres, als mich meine Schwiegermutter auf das klägliche Miauen einer Katze aufmerksam machte. Durch das geöffnete Fenster ihrer Küche hatte sie immer wieder das Schreien gehört, sehen konnte sie die Katze aber nicht. Also machte ich mich auf die Suche.

Nach einiger Zeit fand ich eine sehr kleine getigerte Katze völlig verängstigt im Kellerschacht sitzend. Ich ging in unseren Kellerraum, um sie durch das Fenster ins Haus zu holen. Leider hatte ich nicht mit der Riesenangst und der Aggressivität der Kleinen gerechnet. Fauchend und kratzend saß sie in der Ecke und ließ sich nicht fangen. Jedes gute Zureden schlug fehl.

Ich rief meinen Sohn zu Hilfe. Mit dicken Handschuhen bewaffnet schaffte er es schließlich, die Katze ins Zimmer zu treiben. Wir warfen ein Handtuch über die Kleine und steckten sie in einen alten Vogelkäfig. Ich habe noch nie eine Katze gehabt, die so furchtbar beißen konnte wie „Faucherl". Der Name war Programm. Man durfte ihr einfach nicht zu nahe kommen, schon fauchte sie den Ankömmling an. Wir sperrten sie also für die nächsten Wochen in eine große Vogelvoliere, die bei uns auf der Terrasse stand.
Ich hatte die Hoffnung schon aufgegeben, dass aus diesem kleinen fauchenden Wesen irgendwann einmal eine Schmusekatze werden würde. „Faucherl" bekam ein Kätzchengeschirr und wir hängten sie an eine Schleppleine, damit sie sich im Garten etwas bewegen konnte. Und jetzt kommt unsere Shadow ins Spiel.

Shadow ist unsere neunjährige Shiba-Hündin. Eine wunderschöne, aber teilweise auch sehr ängstliche Hündin. Shadow hat auch ihren Platz in unserem Garten und sie fand von Anfang an „Faucherl" interessant. Die Katze wurde beäugt, aber durch ihr fauchendes Wesen konnte Shadow ihr nicht besonders nahe kommen.

Ich hatte mich schon mit dem Gedanken beschäftigt, „Faucherl" in ein Tierheim zu geben, aber Shadow hatte beschlossen, die Mutterrolle für das Kätzchen zu übernehmen. Sehr langsam schaffte es die Hündin, dass die kleine Katze allmählich Vertrauen zu ihr fasste. Die Katze wurde beschnüffelt, angewinselt und von allen Seiten umkreist. Shadow hatte keine Probleme, mit ihr das Futter zu teilen, und bald sah man die beiden gemeinsam am Futterschüsselchen beim Fressen.

Es war wie ein Wunder, als nach einigen Wochen plötzlich die kleine Katze in der Hundehütte saß. Sie hinten und vorne unsere Shadow. Beide schliefen oder schauten hellwach auf das Geschehen vor der Hütte. Jetzt fasste die kleine Katze auch Vertrauen zu uns und wir durften sie auf den Arm nehmen und streicheln. Wenn ich Shadow ins Haus holte, wollte die Katze auch mit. Es war ein Riesenspaß zu sehen, wie sie im Wettrennen über unsere Treppe hochrannten, damit jeder als Erster in der Küche sein konnte.

Wenn Shadow in der Küche schlief, legte sich auch „Faucherl" zum Schlafen hin. Wenn die Hündin hinauswollte, ging auch die Katze mit. Bald merkte ich, dass die Katze auch mitwollte, wenn ich mit Shadow Gassi ging. Also besorgte ich eine Leine für die Katze und nahm sie mit. Zuerst natürlich heimlich, was würden die Leute sagen, wenn ich mit Hund und Katze, beide an der Leine, spazieren ging? Aber es war einfach nur schön. Wir gingen jeden Tag über die Felder spazieren und beide hatten einen Riesenspaß. Blieb die Hündin stehen, tat das auch die Katze. Verrichtete der Hund sein Geschäft, so fing auch die Katze an zu kratzen. Es war unfassbar! Manchmal glaubte ich, dass sich die kleine Katze für einen Hund hielt. Ich habe die beiden oft fotografiert und gefilmt, denn diese Geschichte würde mir niemand glauben. Hund und Katz – das kann ja nicht gut gehen! Im Gegenteil – die beiden lieben sich. Jeden Morgen freut sich einer auf den anderen, sie fressen zusammen, spielen Fangen im Garten, gehen gemeinsam Gassi und schlafen gemeinsam auf dem Sofa, wenn es erlaubt ist. Die beiden verbindet eine wunderbare Freundschaft!

Ist der Shiba katzenähnlich?

Von Caroline Rack

Mein Name ist Emiko und ich bin zuerst einmal ein Hund, zumindest anatomisch. Eigentlich bin ich selbst auch davon überzeugt, dennoch werde ich doch sehr häufig als die dritte Katze im Haus bezeichnet. Warum? Ich habe keine Ahnung, denn zumindest die erste Katze verweigert mir diesen Titel.

Ja, die erste Katze: Minka. Sie ist schon ein Fall für sich. Ich bin der erste Hund in ihrem mittlerweile 17-jährigen Leben, mit dem sie zusammenleben muss. Dementsprechend misstrauisch begegnete sie mir zu Anfang und unsere weitere Beziehung gestaltet sich mit verbalen und körperlichen Eingrenzungen ihrerseits. Ich glaube, sie mag mich nicht sonderlich. Was mich nicht davon abhält, sie hin und wieder zum Spiel aufzufordern und ihren Widerwillen zu ignorieren.
Ignorieren, das können Katzen schließlich selbst hervorragend. Das hat nicht unbedingt etwas mit Unhöflichkeit zu tun. Auch Frauchen musste lernen, dass ich

mich nicht zerteilen kann. Vögel jagen und gleichzeitig auf den Rückruf von ihr reagieren ist physisch leider nicht möglich. Und es war auch nicht ignorant, dann am anderen Ende des Feldes zu warten. Das war schließlich nass und ich bin schon einmal drübergerannt, ein zweites Mal kam nicht infrage. Das ist vielleicht auch ein katzenähnlicher Aspekt: Nasse Füße, nasse Ohren und generell nasses Fell ist nicht schön. Es sei denn, das Nass kommt vom Schnee, da ist es dann in Ordnung.

Und um aufs Lernen zurückzukommen, auch das tun Katzen gern. Sei es nun, wann sie aufzustehen haben, was schmeckt und welche Dekoration angebracht ist. Aber in meinem Haushalt wohnt nicht nur die betagte, schlecht gelaunt Minka. Zum Glück habe ich auch eine gleichgesinnte Mitbewohnerin: Nike. Sie ist äußerlich der Inbegriff von Unschuld und Niedlichkeit, wie ich. Dies ist allerdings nur eine Maskerade, welche die Gute perfektioniert hat.
Als ich frisch im neuen Heim ankam, hat Nike mich gleich unter ihre Fittiche genommen und wir teilten uns ein Bett. Zudem ist sie ein wirklich amüsanter

Spielkamerad und bringt mir hin und wieder auch mal Mäuse mit. Wir teilen die Leidenschaft, kleine Tiere zu jagen, weswegen wir manchmal zu zweit vor einem Mauseloch vor der Terrasse lauern.

Im Garten halten wir beide uns ohnehin gern auf. Ich finde es zwar etwas unfair, dass sie ohne Weiteres einfach über den Zaun springen kann, aber ich bin immerhin schon unter dem Zaun durchgekommen und konnte sie in Nachbars Garten begleiten. Am folgenden Nachmittag wurde mir dies jedoch schon verwehrt, indem Frauchen den Zaun „absicherte". Ich frage mich immer noch: „Vor was?", denn sämtliche Katzen und auch der Fuchs kommen darüber. In diesem Punkt bin ich wohl keine Katze.

Worin Nike, Minka und ich uns noch ähneln, ist unser Bedürfnis, uns ausgiebig zu putzen. Nike und ich tun dies auch gern gegenseitig. So eine Katzenzunge kann schon sehr komfortabel sein, besonders, wenn ich saubere Ohren haben möchte. Zudem sind wir alle der festen Überzeugung, dass zum Saubersein nur minimal Wasser vonnö-

ten ist. Regen ist eklig, Duschen geht gar nicht! Das wird von uns allen kategorisch abgelehnt. Mhhh – getroffen hat mich die Dusche dann dennoch ein paarmal. Ließ sich wohl oder übel nicht vermeiden!

Was mich aber grundsätzlich von meinen beiden Mitbewohnerinnen unterscheidet, ist die Tatsache, dass ich intelligenter sein muss. Schließlich bin ich die Einzige, die eine Ausbildung genießt. Dies wurde bei den anderen beiden nicht einmal versucht. Okay, ich glaube, die beiden wären in einer Hundeschule etwas aufgeschmissen, denn nicht jeder Hund scheint einen freundschaftlichen Umgang mit Katzen zu pflegen. Und da ich dort schon oft gehört habe, dass ich ein guter Hund sei und eine sehr klare Hundesprache pflege, muss ich ein Hund sein.

Mein Name ist Emiko und ich bin Hund mit gelegentlichen Katzenallüren.

Königliche Geschäfte

Von Simon Geerkens

Mein Hofgefolge besteht aus dem Dackel Sir Henry, Herrchen Simon und meiner Geschäftsführerin Nina. Da ich es am liebsten sauber mag, erledige ich mein Geschäft auch nur sehr ungern im heimischen Revier. Das spare ich mir am liebsten für das gemeinsame Gassigehen auf, auch wenn dies schon das eine oder andere Mal bei großer Aufregung zu einem Malheur geführt hat.

Wenn wir dann Gassi gehen, liegt der Fokus von Herrchen meist ganz klar beim Geschäft-Verrichten. Simon erinnert mich auch gern mal daran. „Bara, Pippi machen!" Ich kann es schon nicht mehr hören, ich bin doch nicht vergesslich!

Naja, okay, ich lasse mich vielleicht doch ganz gern ablenken. Zum Beispiel durch schlechtes Wetter, denn dann würde ich am liebsten drinnen bleiben. Regen mag ich gar nicht, dann werde ich von oben nass und meine Beine von unten schmutzig. Weißt du, wie lange es dauert, bis ich die dann wieder sauber habe? Und am Ende werde ich dann auch noch mit einem Handtuch trocken gerubbelt oder sogar geföhnt. Nein, das will ich unbedingt vermeiden. Da kneife ich doch lieber die Beine zusammen und gehe erst, wenn das Wetter besser ist.

Rumlaufen wie ein begossener Pudel ist unter meiner Würde! Aber leider wird darauf nicht immer Rücksicht genommen. Ob dies daran liegt, dass das Beine-Zusammenkneifen nicht immer funktioniert hat? Naja, Nobody is perfect!

Ansonsten lasse ich mich auf der Straße gern von anderen bewundern, egal ob von Hunden oder Menschen. Wobei ausgewachsen sollten sie sein, denn kleine Menschen sind mir unheimlich! Nina und Simon sagen Kinder dazu, aber die können ja nicht mal richtig sprechen und bewegen sich so unbeholfen. Das können doch keine Menschen sein! Wenn dann mal ein Hund dabei ist, dann verbellt mir Henry, dieser eifersüchtige Rüpel, lautstark meine Fans. Denn dies tangiert dann auch den Dackel mit der großen Klappe.

Der lässt sich eine derartige Unverschämtheit nicht bieten und teilt dies dem Gegenüber lautstark mit. Dann wird temporär die auditive Belastbarkeit der Anwohner geprüft.

Das ist ihm eigentlich verboten, aber dieser Sturkopf lässt sich dann in seinem Tunnel auch nicht mal mehr von mir zurechtweisen. Selbst Herrchen kann dann den anderen Menschen gar nicht begrüßen und ein gegenseitiges Beschnuppern fällt in dem heillosen Durcheinander auch aus. Was regt mich dann der Henry auf!

Wenn der andere Hund dann jedoch passiert hat, legt sich der Lärmpegel unmittelbar, denn im Glauben, den Eindringling eindrucksvoll vertrieben zu haben, wendet sich Henry stolz der nächsten Stelle zum Markieren zu. Nicht mal ein schlechtes Gewissen hat er und sucht sich einfach direkt den nächsten Busch, anstatt sich zu entschuldigen. Da bleibt mir nur, der davongelaufenen Aufmerksamkeit hinterherzublicken.

Grundsätzlich ist das natürlich eine Majestätsbeleidigung für mich, wenn einfach so und ohne vorherige schriftliche Erlaubnis andere meine Strecke nutzen.

Damit den anderen Hunden bewusst wird, was für eine tolle Hündin sie verpasst haben, sorge ich dafür, dass möglichst viele Stellen meinen Duft bekommen. Ihr denkt, das gehört sich nicht für eine Dame von Welt? Da mögt ihr vielleicht recht haben, aber wenn Henry schon keine Werbung für mich macht, muss die emanzipierte Dame des 21. Jahrhunderts ihr Glück selbst ins Gras pieseln!

Wenn ich etwas mache, dann natürlich zu 100 Prozent, entsprechend kann sich sogar Henry noch etwas bei mir abgucken! Ich treffe immer punktgenau, wenn ich in der Hocke im Laufen markiere. Aber anstatt Anerkennung und Applaus höre ich dann von Simon nur „Quack-Quack", weil er meint, ich würde aussehen wie ein Frosch, der durchs Gras tapst. Frechheit!

In anderen Zeiten wäre man für diese Majestätsbeleidigung nicht ungestraft davongekommen. Aber versucht heutzutage beim Fachkräftemangel mal ordentliches Personal zu bekommen. Da muss man lernen, über das eine oder andere hinwegzusehen. Zumal ich meine Technik mittlerweile meisterlich perfektioniert habe.

Wo Henry mit seinen kurzen Beinen kapitulieren muss, gibt es für mich keine zu hohen Grasbüschel. Notfalls stelle ich mich im Kopfstand nur auf meine Vorderpfoten und drehe mich komplett um das Büschel. Das soll mir mal einer nachmachen! Wobei ich manchmal im Angesicht des bevorstehenden Triumphes doch etwas zu viel Schwung nehme und dabei drohe, einen Überschlag zu machen. Das könnte im wahrsten Sinne des Wortes ins Auge gehen.

Apropos ins Auge gehen: Ich bekomme oft zu hören, ich solle nicht so schlingen und wäre noch schlimmer als Henry. Dabei will ich doch einfach nur schneller fertig sein, um doch noch was von ihm stibitzen zu können. Aber manchmal stelle ich fest, dass es doch eine gute Idee gewesen wäre besser zu kauen. Zum Beispiel wenn das leckere Gras, das ich gefressen habe, wieder raus will. Da es aber wie so oft nicht mit verdaut wird, sorgt es dafür, dass sich das, von dem ich mich eigentlich entledigen möchte, sehr anhänglich ist. Das ist kein schöner Zustand, diese Form der Anhänglichkeit mag ich überhaupt nicht.

Aber ich bin einfallsreich und weiß mir auch in dieser Situation zu helfen. Ich habe nämlich herausgefunden, dass schnelles Drehen um die eigene Achse das Problem entschwinden lässt. (Simon meint, ich würde dann aussehen wie eine Hammerwerferin. Was er wohl damit meint?)

Aber nachdem Henry hier einmal in der Schusslinie stand, gehen alle gleich in Deckung, diese Feiglinge. Wenn der Helikopter aber doch mal nicht funktioniert, kommt das „Klopapier" zum Einsatz. Dann setze ich mich einfach hin und ziehe mich mit den Vorderpfoten übers Gras. Denn wenn, dann helfe ich mir selbst. An meine königlichen vier Buchstaben kommt mir kein Untertan! Und um bei meinen sportlichen Ambitionen zu bleiben: Mit dieser Technik könnte ich glatt bei der Wok-WM mitmachen.

Die Verdauung eines Shibas funktioniert halt etwas anders, aber davon scheinen die anderen dann doch regelmäßig überrascht zu sein. Dieses langsame Spazierengehen scheint für einen Dackel angemessen. Damit aber meine Verdauung angeregt wird, braucht es schon einen kleinen 20-Meter-Sprint. Doch bis der Dackel kapiert hat, dass es wieder so weit ist, habe ich ihn schon die halbe Strecke hinter mir her geschleift.

Aber wie gesagt, sein Hofgefolge kann man sich leider nicht immer aussuchen und alle können sich glücklich schätzen, dass ich so nachsichtig bin. Trotz so manchem Hindernis wird am Ende dann aber doch meist alles gut, die Mission erfüllt und alle können es sich erleichtert im heimischen Königreich gemütlich machen.

Mein Bauch gehört mir – ich fresse, wann ich will und was ich will!

Von Katrin Pollems-Braunfels

Oh nein, wie kann sie nur?! Wie kann mir mein Frauchen nur Trockenfutter hinstellen? Da hat man so gut geschlafen, kommt auf verheißungsvolles Klappern hin in die Küche und dann so etwas! Wobei: Ich hätte es wissen müssen. Denn nur meine Ohren hatten mir den Ton des Napfes signalisiert, nicht meine Nase. Es roch nicht verführerisch nach Rind oder Huhn, wie es doch so oft dem leckeren Klappern vorausgeht.

Wenn mein Frauchen die Karkasse eines Biohuhns mit Gemüse auskocht und mir liebevoll alle Fleisch-, Haut- und Knorpelteile hinstellt, sich selbst nur die gewonnene Suppe gönnt, dann riecht es schon lange vorher einfach herrlich in unserer Wohnung. Da weiß ich, dass ich mich aufs Fressen freuen kann. Doch auch dann gibt es manchmal eine völlig unnötige Enttäuschung: Irgendjemand hat meinem Frauchen eingeredet, dass wir Hunde auch Gemüse brauchen. Gemüse?! Was fressen Wölfe? Karotten und Zucchini? Oder Hirsch und Hase? Na also! Erklärt sich doch eigentlich von selbst. Und trotzdem ist Gemüse im Napf, das ich natürlich vorwurfsvoll aussortiere.

Auch im Pferdestall, wohin ich manchmal mitgenommen werde, schaue ich fassungslos zu, wie andere Hunde den Pferden die Karotten wegfressen. Warum machen die das? Aus Futterneid? Oder ist ihnen so langweilig? Oder wollen sie sich bei ihren Herrchen und Frauchen einschmeicheln? Die machen ja ziemliches Gewese um diese dummen Großtiere, streicheln sie mit verschiedenen Gerätschaften und setzen sich sogar drauf: Ja, wollen diese Hunde denn auch, dass ihre Besitzer sich auf sie draufsetzen?
Nein, Shibas müssen sich nicht einschmeicheln, die müssen auch nicht alles fressen, was ihnen angeboten wird. Neulich kamen mein Frauchen und ihre Rudelfreundin auf einem Markt ins Gespräch. Die Marktfrau war begeistert von mir – wie alle Menschenfrauen – und wollte mir etwas gegrilltes Ochsenfleisch aufzwingen. Ich aber hatte richtig schlechte Laune! Ich musste an der Leine gehen, es gab viel zu viele Menschen und der versprochene Spaziergang, den ich im Herbst so liebe, ließ auf sich warten. Ich schnupperte nur kurz und drehte mich weg.

Nichts da, mit Fressen lasse ich mich nicht bestechen. Auch nicht vom Frauchen, wenn ich beim Spaziergang nicht zurückkomme, obwohl sie mich gerufen hat. Das Belohnungsleckerli nehme ich, wenn ich Lust drauf habe! Und wenn nicht, dann fressen es eben die Krähen. Und so mache ich es jetzt auch mit dem Trockenfutter. Mein Gang zum Futternapf hat größtmögliches Desinteresse signalisiert, noch langsamer kann man gar nicht in die Küche schleichen, gelangweilt am Napf riechen und dann wieder ins gemütliche Bett zurückkehren. Weckt mich, wenn es was Anständiges gibt!
Hmmmm, plötzlich riecht es doch noch herrlich! Jetzt hält mich nichts mehr in meinem Bett. Mal schauen, was da in der Küche los ist: Lautes Klappern, viele Töpfe, viele Gerüche und mein Frauchen rennt hektisch umher. Ich beziehe meinen Beobachtungsposten und versuche zu verstehen, was los ist. Frauchen war die letzten Tage viel jagen, kam mit vollen Taschen und Tüten zurück, hat alles in den kalten Vorratsschrank geräumt. Und heute liegen diese Vorräte auf dem Tisch: herrlich duftendes Fleisch, auch Fisch und Käse! Bekomme ich davon etwas ab? Ich beziehe etwas deutlicher Stellung. Betteln? Nein, das würde ich nie! Ich platziere mich nur demonstrativ und vertraue auf die Macht der Hypnose,

die reine Kraft meiner Gedanken und das doch manchmal ganz verständige Frauchen. Diese Mengen an Futter, die sind nicht für sie allein, auch nicht für mich, da ist mehr im Busch. Ob heute die Mitglieder anderer Menschenrudel mitverköstigt werden? Ja, wir sind großzügig und geben von unserer Jagdbeute gern etwas ab.

Ich empfange meist andere Menschen höflich und pflichtschuldigst mit Begrüßungstanz. Manche bekommen sogar den großen Begrüßungsgesang von mir, damit sie hören, wie schön meine Stimme ist. Und damit sie sehen, dass ich alte

Bekannte nicht vergessen habe. So werde ich zuerst wahrgenommen, man redet freundlich mit mir, deutet vielleicht sogar ein bisschen Spiel an. Nur angefasst zu werden vermeide ich. Und hochspringen, das tue ich nicht, das ist unwürdig.

Dieser verheißungsvolle Überfluss in der Küche, der deutet sicher wieder auf eine solche Menschenansammlung hin. Ich muss abwarten, was kommt.
Tatsächlich, nun wird doch einer meiner Näpfe hervorgeholt und mein Frauchen nimmt Knochen aus der Brühe, lässt sie abkühlen und schneidet mir die knorpeligen Fleischreste ab. Was ist das? Es riecht nach Wald, nach Wild, uralte Erinnerungen aus dem Wolfsgedächtnis werden wach: Ich bin unwiderstehlich hingezogen!
Nun freue ich mich aufs Fressen – aber zeigen muss ich das nicht. Wieder schlendere ich betont langsam zum Napf – es könnte ja zu viel Gemüse drin sein.
Oh, schmeckt das gut! Davon muss ich mir etwas aufheben. Nur dumme Hunde fressen alles auf einmal. Kluge Hunde sorgen für schlechte Zeiten – Trockenfutterzeiten – vor. Mit meiner Schnauze schiebe ich das Tuch, auf dem mein Napf steht, zusammen, packe den Rest im Napf ein und schiebe alles, so weit ich kann, unter die Heizung, hinter den Schrank. Für so eine Arbeit ist unsere Nase eigentlich nicht geschaffen, ich muss mich ganz schön anstrengen. Doch es lohnt sich, so habe ich etwas für später – sofern meine Freundin Moka nicht vorbeikommt. Die begrüßt mich kaum, rast im Affentempo von der Tür in die Küche und – hast du nicht gesehen – ist mein Napf so sauber, als ob nie was drin gewesen wäre. Ich kann so viel Unhöflichkeit kaum fassen, stehe daneben und denke über den Untergang der Zivilisation nach.

Wir haben uralte, japanische Kultur im Blut! Ich würde nie in einem fremden Revier etwas fressen, lasse liegen, was rumliegt, nehme nichts von Fremden und nur von guten alten Bekannten mal ein Leckerli – wenn ich Lust darauf habe!

Ich bin etwas Besonderes – glaubt ihr nicht?

Von Silvia Bühringer

Ihr wollt wissen, was einen Shiba so besonders macht?
Das kann ich, der kleine Rüde Kuma, euch gern sagen.
Da ist zunächst einmal mein Aussehen. Ich muss schon sagen, ich bin wirklich ein richtiger Prachtbursche mit allen Rassemerkmalen – freche braune Augen mit fernöstlich wirkendem Augenlid in Triangelform, lustige, schwarze Schwammnase, fuchsähnliches Gesicht, buschig gerollte Rute, flauschige „Reiterhosen", stämmige Brust und natürlich das zwingende Urajiro – das sind die weißen Fellpartien an Wange, Brust und Bauch sowie ganz wenig an den Pfoten. Und eins ist ja noch ganz wichtig: Ich kann so charmant lächeln, dass alle dahinschmelzen und ich jeden um die kleine Zehe wickele. Auf all das bin ich mächtig stolz und zeige es auch!
Das führt dazu, dass fast alle Leute total begeistert sind und immer sagen: „Mei, ist der hübsch." Allerdings erkennen mich

nur die Wenigsten als Shiba und fragen immer: „Was ist das denn für eine Rasse? So einen habe ich ja noch nie gesehen." Eine ganz schlaue Frau dachte, ich wäre ein kleiner Chow Chow und wollte meine Zunge sehen. Als meine Menschenmama sagte, dass die natürlich rot ist, meinte die komische Tante: „Dann ist er wohl ein Mischling." So eine Frechheit! So tun, als ob man Ahnung hätte, und dann ihre Unwissenheit mit einer Unverschämtheit herunterzuspielen. Naja, so sind halt die Leut'. Aber über solchen Erlebnissen stehe ich drüber, immerhin bin ich ein stolzer Shiba, dem andere Hunde nicht so schnell das Wasser reichen können.

Und da kommen wir schon zu meinem Wesen und den Charaktereigenschaften. Ich bin unheimlich anhänglich und treu, aber nur, wenn man sich auch entsprechend um mich kümmert und mir die nötige Aufmerksamkeit schenkt. Das war bei mir von Geburt an schon gegeben. Ich habe schon nach vier Wochen eine besondere Beziehung zu meinen Menschen aufgebaut. Die haben mich oft besucht und Sachen mitgebracht, die nach ihnen gerochen haben. So konnte ich mir den Geruch sehr gut einprägen und weiß seitdem, wer zu mir gehört. Ich habe sehr feine Antennen und merke sofort, wenn irgendwas nicht stimmt oder atmosphärische Störungen in der Luft liegen.

Als ich noch sehr klein war und gerade ein paar Tage in meinem neuen Bau eingezogen bin, war mein Frauchen ganz traurig, weil ihre Mama gestorben ist. Das habe ich sofort gemerkt und sie getröstet. Ich bin die ganze Zeit an ihrer Seite gewesen und habe ihre Tränen abgeleckt. So konnte sie den Verlust besser überwinden. Ich war ihr Seelentröster – und bin es noch!

Ich bin sehr interessiert an meiner Umwelt und beobachte aufmerksam alles ganz genau – mir entgeht fast nichts. Außerdem bin ich sehr neugierig und muss überall meine Nase reinstecken. Das hat mir auch schon eine unfreundliche Begegnung mit Ameisen beschert – seitdem bin ich etwas vorsichtiger. Aber vom ausgiebigen Schnüffeln können mich solche kleinen Biester natürlich nicht abhalten. Egal wo ich unterwegs bin, überall riecht es so toll und ich muss diesen Gerüchen unbedingt nachgehen. Mein Frauchen nennt mich daher auch gern mal „mein kleines Trüffelschweinchen" – lieb, gell?

Ich bin sehr intelligent und mag gern was lernen. Aber nur wenn ich Interesse daran habe und es mir so viel Spaß macht, dass ich es dauernd machen möchte. Ganz wichtig ist natürlich noch, dass ich im Gegenzug was dafür bekomme. Mein Menschenpapa hat mir zum Beispiel gezeigt, wie man mit einer Rezeptionsglocke klingelt. Nach nur kurzer Zeit konnte ich das schon beidfüßig – und was war die Motivation? Natürlich gibt es dafür eine tolle Belohnung nach dem Motto „Je mehr und lauter ich klingle, umso mehr und größere Leckerli gibt es".

Ich muss zugeben, ich bin in jeder Beziehung ziemlich bestechlich. Das muss aber nicht immer nur was zum Fressen sein. Ich freue mich auch sehr, wenn ich mit Streicheinheiten belohnt werde. Das mag ich nämlich auch total gern und kuschle mich an und mit meinen Eltern. Bei uns ist ganz oft Schmusestunde. Das genießen alle und ich ganz besonders.

Und dann ist da noch meine ausgeglichene und völlig stressfreie Art. Ich stehe eigentlich immer über den Dingen und es kann mich so leicht nichts stressen. Darum mag ich auch

überhaupt keine hektischen Menschen oder andere Hunde. Bleibt mir bloß weg damit, das geht mir tierisch auf die Nerven und ich verziehe mich oder halte gehörigen Abstand. Ich bin auch eher der gemütliche Typ, der nur allzu gern im Bett oder auf Mamas Sessel liegt und die Ruhe genießt. Ich muss ja schließlich Energie tanken, damit ich danach wieder Gas geben und das Leben voll genießen kann.
Aber es ist nicht immer nur alles rosarot. Manchmal bin ich schon ein kleiner Sturkopf – das muss ich zugeben. Das liegt daran, dass ich kein Schoßhündchen bin, das alles bedingungslos mitmacht. Ich habe meinen eigenen Willen, den ich durchsetzen will, und weiß auch, wie ich das schaffe. Ich möchte aber hier nicht weiter darauf eingehen …

Shiba und Katzen – zwei Welten prallen aufeinander

Von Tanja Naujokat

Hallo ihr Lieben, ich bin's wieder, Ganbo, und ich möchte euch nun erzählen, wie es für mich ist, mit Katzen aufzuwachsen bzw. wie es ist, mit ihnen zusammen zu leben. Als ich vor etwa fünf Jahren in mein neues Zuhause gezogen bin, hätte ich nicht gedacht, dass mich dort zwei merkwürdig aussehende Wesen erwarten. So in meiner Transportbox sitzend, kam das erste der beiden auf mich zu und schnupperte an der Box. Da ich kein Kind von Traurigkeit bin, steckte ich meine Nase vorsichtig durchs Gitter um den ersten Kontakt aufzunehmen – was erstmals mit Ignoranz bestraft wurde. Nachdem die Box geöffnet wurde, sollte ich das neue Zuhause erkunden. Obwohl ich wirklich neugierig bin, traute ich mich zuerst gar nicht. Mein neues Frauchen lockte mich mit gutem Zureden – in etwa so: „Der Kater frisst dich schon nicht" oder „Komm Kleiner, hier tut dir keiner was" – aus der Box. Na, die hat gut reden, die kennt die beiden ja schon! Schließlich nahm ich all meinen Mut zusammen und verließ die schützende Box: Ein kleiner Schritt für die Menschen, ein großer Schritt für Ganbo.

Frauchen nennt dieses Wesen Kater Felix. Leider ist er körperlich behindert und hat nur drei Beine, dafür rennt er aber ziemlich schnell. Nun gut, dachte ich mir! Dann bin ich mal gespannt auf die erste Begegnung mit diesem Felix. Aus der Box lief ich direkt auf die Tür zu, die in den Garten führte. Doch halt! Da stand ja schon wieder so ein Dingens. Er ist sogar noch größer als ich und heißt Sylvester. Er schaute mich ziemlich komisch an und wenn ich versuchte zu schnuppern, lief er weg. Der Felix blieb jedoch stehen und war genauso neugierig wie ich. Im Schlepptau war immer mein aufmerksames Frauchen. Sie setzte sich neben mich und lockte diesen

Felix zu mir, sodass wir uns beschnuppern konnten. Er roch gar nicht mal so übel. Als wir dann im Garten waren, hatte ich noch ziemlichen Respekt. Dies war immerhin meine erste Begegnung mit Katzen. Erst mal warm geworden, fand ich meine neuen Freunde doch ganz cool. Felix scheint mich sehr zu mögen, denn er legt sich gern zu mir und putzt mich. Revanchieren durfte ich mich allerdings noch nicht. Nach einigen Wochen hatten wir uns alle aneinander gewöhnt. Selbst Sylvester kam zu mir, allerdings nur, wenn ich Futter bekam. Ich glaube, ihm ist es egal, dass ich da bin – Hauptsache, er kann etwas von meinem Futter ergattern. Ich gebe auch etwas ab, wenn Frauchen gerade mal nicht aufpasst. Ich beobachtete meine Freunde sehr genau: Felix mag mich mehr als Sylvester – mag sein, dass es daran liegt, dass Sylvester zu jagen richtig Spaß macht. Leider mögen das meine Menschen – und Sylvester – gar nicht. Das sind vielleicht Spielverderber!

Mir ist sofort aufgefallen, dass Felix und Sylvester immer durch eine Klappe in der Tür verschwinden. Dahinter riecht es oft ziemlich gut, muss ich sagen. Eines Tages, so dachte ich, könnte ich es ja auch mal versuchen. Und hui, ich sage euch, das hat sich wirklich gelohnt. Stand doch hinter dieser Tür noch Futter! Sehr köstlich – leider fanden dies meine Hundeeltern überhaupt nicht witzig. Sie hatten ziemlich schnell den Verdacht, dass ich die Klappe entdeckt hatte. Wenn die wüssten, wie recht sie hatten. Leider erwischten sie mich beim nächsten Mal und nahmen natürlich das Katzenfutter weg. Nun steht es immer hoch oben – wo ich nicht rankomme.

Ich wäre kein Shiba, hätte ich hinter dieser Klappe nicht auch noch das Katzenklo entdeckt. Ihr hättet mein Frauchen sehen sollen: Ich bin durch die Klappe und sie kam und hat mich dabei erwischt, wie ich was aus dem Katzenklo holte – das fand sie irgendwie gar nicht lustig, ich schon – grins. Von diesem Zeitpunkt an haben sie die Klappe für mich versperrt – Gemeinheit! Übrigens, wenn ich wirklich will, passe ich noch heute durch diese Katzenklappe. Meine Hundeeltern fragen sich immer wieder, wie ich das schaffe – verraten werde ich es ihnen nicht!

So eine Katzenfreundschaft hat für mich etwas sehr Positives. Wir arbeiten nämlich im Team. Sylvester, unser Teufel (so sagt Frauchen immer), kann nämlich Türen öffnen – und das hat uns Tieren schon mal leckeres Fleisch spendiert. Er ist in die Küche und wir anderen zwei natürlich hinterher. Felix und ich standen vor der Arbeitsplatte und Sylvester hat das Fleisch runtergeworfen. Da es aber noch verpackt war, versuchte ich die Verpackung zu entfernen. Mit der Hilfe von Sylvester und Felix ist mir das auch gelungen – es war ein Gaumenschmaus! Als Frauchen ein wenig später um die Ecke kam, rief sie nur noch entsetzt: „Es gibt heute keine Rouladen zum Mittag, die wurden gerade alle von den Vierbeinern verspeist." Das war für uns vielleicht ein Spaß. Leider ist es uns bis heute nicht wieder gelungen. Ich glaube langsam, die sind gar nicht so dumm, meine Leute. Übrigens – meine Katzenfreunde zu Hause finde ich toll – fremde Katzen mag ich gar nicht. Die werden konsequent verbellt!

So ihr Lieben, wenn ihr euch nun die Frage stellt, ob ein Shiba katzenähnlich ist, kann ich euch sagen, ich denke ja. Denn wenn ich meine beiden Freunde sehe, wie sie sich putzen und benehmen, würde ich sagen, in mir steckt auch ein kleiner Kater. Doch ihr wisst ja, auch unter uns gibt es immer wieder Ausnahmen und jeder ist individuell.

Ich kann mit meinen beiden Freunden gut zusammenleben, doch wahrscheinlich nur, weil meine Hundeeltern darauf aufgepasst haben, dass es funktioniert, und weil die beide Kater keine Angst vor mir hatten. Als Welpe war ich für alles aufgeschlossen, heute sage ich, es kommt auf die Katze an. Also immer schön aufpassen!

Schlusswort

Es gäbe noch so viele Geschichten, die uns unsere Shibas aus ihrem Leben erzählen könnten …

Der Shiba ist immer wieder für Überraschungen gut – selbst für die Erfahrenen unter uns. Vielleicht haben einige Erlebnisberichte und Alltagsgeschichten unserer vierbeinigen „Füchse" oder „Mini-Huskys" Vorurteile ausräumen können. Bestimmt aber hat sich der eine oder andere beim Lesen wiedererkannt.

Nach dem Lesen dieses Buches verstehen Sie sicher, warum der Shiba für uns „Shiba-Infizierte" so unwiderstehlich ist –

eine Rasse mit absolutem Suchtpotenzial. Einmal im Bann des kleinen Japaners aus dem Land der aufgehenden Sonne und man ist ihnen ein Leben lang verfallen.

Oft durften wir erleben, dass es durch die Unwiderstehlichkeit dieser Fellnasen nicht nur bei einem Shiba geblieben ist.

Wir wünschen Ihnen weiter viel Freude an Ihren Shibas – und denjenigen, die nun in ihren Bann gezogen wurden, eine großartige gemeinsame Zukunft.

Christiane Schober und Mario Forkmann